LEÇONS ÉLÉMENTAIRES

D'AGRICULTURE RAISONNÉE ET D'ÉCONOMIE RURALE,

PAR DEMANDES ET RÉPONSES,

À l'usage des Cultivateurs et des Écoles primaires de campagne
des cinq Départements de la Bretagne

Par J. L. Bahier,

AGRICULTEUR PRATICIEN AUTEUR D'UN MANUEL DE COMPTABILITÉ AGRICOLE QUI

A OBTENU EN 1840, UNE MÉDAILLE D'ARGENT DE LA SOCIÉTÉ CENTRALE

D'AGRICULTURE DE PARIS.

*...nommé sème plante et arrose et Dieu donne
l'accroissement. (Épître de St Paul).*

Saint-Brieuc,

Imprimerie de L. Prud'homme.—1852.

LEÇONS D'AGRICULTURE.

LEÇONS

ÉLÉMENTAIRES

D'AGRICULTURE RAISONNÉE

ET

D'ÉCONOMIE RURALE,

Par Demandes et Réponses,

à l'usage des Cultivateurs et des Écoles primaires de campagne
des cinq départements de la Bretagne;

Par J.-L. BAHIER,

AGRICULTEUR PRATICIEN, AUTEUR D'UN MANUEL DE COMPTABILITÉ AGRICOLE
QUI A OBTENU, EN 1840, UNE MÉDAILLE D'ARGENT DE LA SOCIÉTÉ CENTRALE
D'AGRICULTURE DE PARIS.

L'homme sème, plante et arrose, et Dieu
donne l'accroissement.   (*Ep. de S. Paul.*)

Quand le sol est usé, le terrain sans vigueur,
Par de riches engrais ranimez leur langueur.
La terre aussi repose en changeant de richesse.
VIRGILE (*Géorg.*, l. I., trad. de Delille).

A SAINT-BRIEUC,

CHEZ L. PRUD'HOMME, IMPRIMEUR-LIBRAIRE.

1852.

UN MOT SUR CE LIVRE.

Partageant l'opinion de plusieurs agronomes qui pensent qu'un des meilleurs moyens
de répandre parmi nos cultivateurs quelques
notions d'agriculture raisonnée et d'économie rurale, c'est de mettre entre les mains
des enfants de nos écoles primaires de campagne de bons livres élémentaires d'agriculture, et désirant apporter mon faible con-
cours au progrès de l'agriculture bretonne,
je soumets au jugement du public ce petit
Livre, fruit de plusieurs années d'observations, et qui ne contient que des principes
qu'une longue expérience m'a prouvé pouvoir trouver une application facile, et avantageuse, dans la culture bretonne.

Mettre nos cultivateurs à même de raison-
ner leurs travaux, de pouvoir lire avec fruit les
bons livres d'agriculture et apprécier, à leur
juste valeur, les améliorations qui leur seraient
proposées ; signaler les parties vicieuses des
divers systèmes de culture suivis en Bretagne,
et indiquer des moyens faciles et à la portée
de tout le monde, pour améliorer *progressivement* notre agriculture sans compromettre
les intérêts des cultivateurs, tel est le but
que je me suis proposé en écrivant ce petit

Livre , dans lequel je me suis efforcé de mettre les éléments de la science agricole à la portée des gens peu instruits et n'ayant que peu de temps à donner aux études théoriques.

J'ai introduit dans cet Ouvrage quelques notions élémentaires de météorologie , de botanique et de zoologie, que je regarde comme indispensables pour pouvoir comprendre les notions théoriques , et surtout pour pouvoir lire avec fruit les diverses publications agricoles qui supposent toujours dans leurs lecteurs des connaissances que ne possèdent pas ordinairement les cultivateurs de profession. J'ai placé ces notions dans les diverses parties du Livre qu'elles sont destinées à éclairer et où elles trouveront une application immédiate.

J'ai terminé par des notions d'économie générale et d'économie rurale , auxquelles presque tout le monde est malheureusement étranger , et qui sont cependant d'une haute importance pour tous ceux qui veulent entreprendre une industrie quelconque. J'ai aussi indiqué une méthode facile de comptabilité suffisante pour les petites exploitations (1).

(1) Cette comptabilité ne suffit pas pour les grandes exploitations et pour les propriétaires faisant valoir par eux-mêmes ou par un régisseur aidé.de journaliers. L'auteur a publié un *Manuel de Comptabilité* au moyen duquel on peut apprendre seul à tenir la comptabilité qui convient aux grandes exploitations et aux propriétaires. (Ce livre se trouve à Saint-Brieuc , chez M. L. Prud'homme, imprimeur-libraire.)

J'ai puisé, dans les meilleurs auteurs que j'ai pu me procurer, les principes généraux dont l'application a été sanctionnée par la pratique. Enfin, je me suis efforcé de réunir dans ce livre toutes les connaissances les plus nécessaires à un bon agriculteur.

J'ai eu soin d'expliquer, le plus clairement possible, tous les mots techniques ou scientifiques que j'ai été obligé d'employer, et je suis convaincu que cet ouvrage peut être compris par tout le monde. On pourra se convaincre, en lisant les articles qui indiquent les qualités essentielles à un cultivateur, dans le chapitre Ier, et les articles sur les mots : *travail*, *industrie*, *économie sociale*, *et propriété*, etc., dans les chapitres XXIX et XXX, que j'ai saisi toutes les occasions qui se sont présentées de donner de saines notions de morale, tantôt dans les articles eux-mêmes, tantôt dans des notes spéciales, ainsi que dans l'avis ci-après.

AVIS AUX JEUNES GENS DE LA CAMPAGNE.

> Heureux l'homme des champs, s'il connaît son bonheur.
>
> VIRGILE (*Géorgiques*).

Jeunes cultivateurs, n'oubliez jamais que l'agriculture est la plus indépendante, la plus noble, la plus morale, la plus utile et par conséquent la plus honorable de toutes les professions. Elle n'excite point dans les cœurs cet esprit de convoitise, ces désirs immodérés des jouissances matérielles, ce goût exagéré du luxe, que certaines doctrines perverses n'ont que trop répandues dans la société. Elle ne cherche pas, comme certaines autres industries, à enrichir quelques hommes aux dépens de la nation ; elle n'a en vue que le bien-être de tous, et tous ses efforts ne tendent qu'à l'accroissement de la prospérité publique.

Sans doute, l'agriculture ne fait pas faire des fortunes rapides comme celles qu'on fait dans le commerce, ou l'industrie manufacturière ; mais aussi elle n'expose pas à des chances immédiates et instantanées de ruine, et elle est toujours, pour ceux qui l'exercent dans des conditions convenables, un moyen honorable d'existence, et peut même, lorsque la sûreté et la tranquillité de l'Etat sont assurées, permettre de faire quelques économies.

L'Agriculture n'est plus, de nos jours, un métier mercenaire, exercé par des gens grossiers et sans éducation ; elle est maintenant un art que les hommes les plus instruits ne dédaignent pas d'exercer et dans lequel toutes les sciences peuvent trouver une application utile : elle offre donc aux savants un moyen certain d'employer utilement les connaissances scientifiques qu'ils ont acquises. Rien aussi n'est plus propre à élever les cœurs vers Dieu que l'agriculture, qui met continuellement l'homme en rapport avec les merveilles de la création.

L'art agricole peut être, pour ceux qui le font progresser par quelques découvertes utiles, un moyen d'acquérir des droits à l'estime et à la considération publique, et de mériter les récompenses honorifiques qu'un gouvernement éclairé ne manquera jamais d'accorder à ceux qui auront rendu quelques services au plus utile de tous les arts. Nous voyons, de nos jours, briller sur la poitrine de plusieurs agriculteurs cette croix de la légion-d'honneur destinée, par son illustre fondateur, à récompenser tous les genres de services rendus à la patrie.

Ainsi donc, jeunes cultivateurs, n'abandonnez pas la vie paisible de la campagne et votre honorable profession, pour aller dans les villes courir après la fortune qui vous échappera presque toujours, et où vous ne trouverez le plus souvent que la misère, et quelquefois le désespoir et la honte. N'échangez pas les paisibles jouissances de la vie des champs contre les jouissances factices des villes, qui laissent toujours après elles la satiété et le dégoût, et trop souvent le remords.

Cultivateurs, soyez fiers de votre noble métier, et n'oubliez jamais qu'il vaut mieux être le premier parmi les laboureurs que le dernier chez les messieurs.

LEÇONS

D'AGRICULTURE.

PREMIÈRE PARTIE.

ÉTUDES PRÉLIMINAIRES.

CHAPITRE PREMIER.

DÉFINITIONS ET NOTIONS DIVERSES.

Définitions.

D. Qu'est-ce que l'agriculture ?

R. C'est l'art de faire produire à la terre les plantes utiles à l'homme et aux animaux. C'est la plus noble, la plus utile, la plus morale et la plus indépendante de toutes les professions. Elle est la base de toutes les autres industries.

L'agriculture est une science et un métier. Sa partie scientifique a pour but l'étude des conditions nécessaires à la vie des êtres organisés et des sources de leur alimentation. La partie mécanique, le métier, est l'art d'exécuter les travaux. L'agriculture doit aussi être une industrie, c'est-à-dire, un moyen de tirer un bénéfice convenable de son travail, en produisant des denrées utiles à tous.

D. Qu'est-ce qu'un agriculteur et un cultivateur ?

R. L'agriculteur est celui qui dirige une exploitation agricole. Le cultivateur ou laboureur, est celui qui exécute les travaux manuels.

1

D. Que signifient les mots agronome, agronomie ?

R. L'agronome est celui qui enseigne la théorie de l'agriculture, soit dans des livres, soit dans des cours. L'agronomie est la théorie de l'agriculture.

D. En combien de parties divise-t-on l'agriculture ?

R. En six parties principales : l'agriculture proprement dite, la praticulture, la sylviculture, l'horticulture, la viticulture et la sériciculture.

D. Qu'est-ce que l'agriculture proprement dite ?

R. C'est la culture des champs ; c'est-à-dire, la culture des céréales et des plantes commerciales.

D. Qu'est-ce que la praticulture ?

R. C'est la culture des prairies naturelles et artificielles et des pâturages.

D. Qu'est-ce que la sylviculture ou arboriculture ?

R. C'est la culture des arbres forestiers.

D. Qu'est-ce que l'horticulture ?

R. C'est la culture des jardins et des arbres fruitiers.

D. Qu'est-ce que la sériciculture et la viticulture ?

R. La sériciculture comprend la culture du mûrier et l'éducation des vers à soie. La viticulture est la culture de la vigne. Ces deux parties ne sont que peu pratiquées en Bretagne, aussi nous n'en parlerons pas dans cet ouvrage.

D. Qu'appelle-t-on économie rurale ?

R. C'est l'application des connaissances théoriques et pratiques de l'agriculture à l'exploitation d'un domaine, de manière à en obtenir le meilleur produit et le plus de bénéfice possible.

D. Qu'appelle-t-on arts agricoles ?

R. On comprend sous ce nom, l'éducation du bétail et les diverses préparations qu'on fait subir à

certains produits, avant de les livrer à la consommation, comme, la fabrication du beurre, du fro-
mage, du cidre, du vin, de la fécule, de l'huile,
la préparation des plantes textiles, etc.

Qualités essentielles à un Agriculteur.

D. Quelles sont les qualités essentielles à un bon
agriculteur ?

R. Ce sont l'ordre, l'activité, l'économie, la
prévoyance, l'esprit d'observation, la probité et
la bonne conduite. L'agriculteur doit aussi avoir les
connaissances théoriques et pratiques suffisantes
pour pouvoir diriger convenablement ses travaux.

D. En quoi consiste l'ordre ?

R. L'ordre consiste à mettre chaque chose à sa
place, à tenir exactement note de ses recettes et
de ses dépenses, et à faire exécuter convenablement les travaux.

D. En quoi consiste l'activité ?

R. A surveiller attentivement toutes les parties
de l'exploitation, et à être partout où la présence
du maître est nécessaire.

D. En quoi consiste l'économie ?

R. L'économie consiste non-seulement à faire
exécuter les travaux avec le moins de frais possible, mais encore à savoir faire à propos les dépenses nécessaires ; à employer utilement le temps des
hommes et des attelages, et tous les produits ; à ne
laisser rien perdre ; à tenir en bon état tous les
instruments et ustensiles ; à soigner convenable-
mant les bestiaux, et à leur distribuer la nourriture de manière qu'ils n'en perdent pas.

D. En quoi consiste la prévoyance ?

R. La prévoyance consiste à ne jamais entreprendre de travaux sans s'être assuré à l'avance

les moyens de les exécuter en temps convenable ; à être toujours assuré d'un nombre de travailleurs suffisant ; à être toujours bien pourvu de fourrages et d'engrais ; à prévoir à l'avance les travaux qui doivent être faits dans chaque saison , afin qu'ils n'éprouvent pas de retard.

D. En quoi consiste l'esprit d'observation ?

R. A observer attentivement les effets du sol et du climat sur les plantes et sur les animaux , et tous les phénomènes de la vie des êtres organisés ; à connaître les débouchés et le cours de tous les produits , les moments favorables pour vendre et acheter, et à tenir note de toutes ses observations. Le chef d'une exploitation doit aussi observer les hommes qu'il emploie , afin de charger chacun des travaux auxquels il est le plus apte. C'est par l'esprit d'observation qu'on acquiert l'expérience pratique, si nécessaire à un agriculteur.

D. En quoi consiste la probité ?

R. La probité consiste à payer exactement les salaires de ses ouvriers , les gages de ses domestiques, ses fermages, ses contributions et toutes ses dettes ; à ne tromper personne dans les marchés, ni sur la quantité, ni sur la qualité des denrées ; à ne point quand on quitte une ferme , chercher à nuire à son successeur, en lui laissant des terres épuisées et sales , et des engrais de mauvaise qualité ; en un mot , à respecter le bien d'autrui et à ne jamais faire aux autres ce qu'on ne voudrait pas qui fût fait à soi-même.

L'homme probe respecte les lois de son pays et les magistrats chargés de les faire exécuter ; il fait consciencieusement ses prestations sur les chemins vicinaux, et ne cherche jamais à frauder les droits de l'état. S'il est appelé à remplir quelques fonctions publiques, comme juré, électeur, conseiller municipal, repartiteur, etc., il remplit ces fonctions honorables avec conscience et impartialité.

D. En quoi consiste la bonne conduite ?

R. La bonne conduite consiste à remplir exactement tous ses devoirs envers Dieu, envers le prochain et envers soi-même ; à donner à ses enfants et à ses domestiques l'exemple de la pratique de tous les devoirs religieux et moraux ; à être charitable envers les pauvres ; à porter aide et secours à tous ceux qui en ont besoin ; à assister régulièrement aux offices et à ne jamais faire travailler les dimanches et fêtes gardées, sans nécessité absolue ; nonseulement à ne point s'enivrer, mais encore à ne point fréquenter les cabarets ; à ne point rester oisif ; à ne point faire de dépenses inutiles ; à ne point fréquenter sans nécessité les foires et les marchés, qui sont souvent des occasions de dépenses et de perte de temps.

La probité et la bonne conduite attirent sur une famille la bénédiction de Dieu et la confiance des hommes, sans lesquelles on ne peut réussir, même en ce monde.

Notions de Physique élémentaire.

D. Qu'est-ce que la physique?

R. C'est une science qui a pour but l'étude des lois de la nature et de certaines propriétés des corps.

D. Qu'appelle-t-on corps ?

R. On appelle corps les objets qui frappent nos sens. On appelle corps élémentaires ceux qui ne contiennent qu'une seule matière, comme le fer, l'or, la lumière, le gaze oxigène, etc. On appelle corps composés ceux qui contiennent plusieurs matières élémentaires. Les anciens ne comptaient que quatre éléments ou corps simples ; maintenant, on en compte cinquante-six, et il est probable que ce nombre variera suivant les progrès de la science. Les quatre éléments des anciens étaient l'air, l'eau, la terre et le feu. Les trois premiers n'étaient pas des éléments, car on est parvenu à les décomposer, c'est-à-dire, à séparer leurs éléments. On appelle corps ou matières organiques, toutes les substances qui proviennent des animaux et des végétaux. On appelle matières inorganiques tous les minéraux.

D. Qu'appelle-t-on minéraux ?

R. On appelle minéraux toutes les substances qui viennent de la terre, comme les pierres, le fer, l'argile, le sable, la chaux, etc. Les minéraux ne vivent pas, ils ne naissent pas, ils se forment ; ils ne croissent pas, ils n'augmentent de volume que parce qu'une nouvelle quantité de matière vient s'adjoindre à leur masse ; ils ne meurent pas, ils se brisent, se décomposent ou se désagrègent.

D. Quelles sont les diverses manières d'être des corps ?

R. Les corps se présentent sous trois états. Ils sont solides, liquides, ou gazeux. Plusieurs sont susceptibles de prendre ces trois formes, soit par l'augmentation ou la diminution du calorique qu'ils contiennent, soit par leur contact avec d'autres substances. On appelle corps gazeux ou gaz, ceux qui sont à l'état de vapeur, comme l'air, la vapeur d'eau, etc. On appelle liquides ou fluides les corps coulants dont les parties adhèrent peu entre elles, et qui peuvent être facilement pénétrés par les solides, comme le vin, l'eau, le lait, le sang, le beurre fondu, etc. On appelle solides les corps qui ne sont ni gazeux ni fluides, dont les parties adhèrent fortement entre elles et ne peuvent être pé-

nétrées par les autres solides , comme la pierre ,
le bois , le fer , etc.

D. Quels sont les principaux agents de la vie des
êtres organisés ?

R. Ce sont l'air, l'eau , la chaleur, la lumière et
l'électricité.

D. Qu'est-ce que l'air ?

R. C'est un corps gazeux composé , lorsqu'il est
pur , de vingt et une parties de gaz oxygène et de
soixante-dix-neuf parties de gaz azote , en volume.
Il n'est jamais complètement pur , dans la nature
il contient toujours des vapeurs d'eau , de l'électricité , et très-souvent de l'acide carbonique et
d'autres gaz.

On appelle air atmosphérique la couche d'air
qui enveloppe la terre et à laquelle on attribue une
épaisseur de cinq à six myriamètres (12 à 15 lieues
anciennes).

D. Quels sont les principaux caractères physiques de l'air ?

R. L'air est sans couleur , sans odeur et sans
goût ; il est dilatable et compressible , c'est-à-dire
qu'il peut augmenter ou diminuer de volume, dans
certains cas ; ainsi la chaleur le dilate , le froid le
comprime ou le condense : on peut aussi le comprimer mécaniquement. Il est élastique , c'est-à-dire
qu'il reprend son premier volume, quand il n'est
plus comprimé ou dilaté. Enfin , l'air est pesant ;
plus il est comprimé, plus il est lourd. On a cal-
culé que le poids de la colonne d'air qui pèse sur
chacun de nous est d'environ *seize à dix-sept mille
kilogrammes*. Ce poids est égal à celui d'une colonne d'eau de même base et de dix mètres soixante-
dix centimètres de hauteur, ou à celui d'une colonne de mercure aussi de même base , et de
soixante-seize centimètres de hauteur. Le déci-

mètre cube d eau (le litre) pèse un kilogramme. Le décimètre cube d'air pèse un gramme trois décigrammes ; et le décimètre cube de mercure, treize kilogrammes cinq cent soixante-huit grammes. C'est la connaissance de ces rapports de pesanteur qui a donné lieu à l'invention du baromètre et des pompes.

D. Qu'est-ce que le baromètre ?

R. C'est un instrument qui sert à mesurer la pression de l'air et à en indiquer les variations. Cet instrument se compose d'un tube de verre, long d'environ quatre-vingt-dix centimètres, fermé par le haut, recourbé par le bas d'environ un décimètre. Dans la petite branche, se trouve un renflement en forme de globe. On remplit ce tube de mercure, après en avoir expulsé l'air, puis on le suspend verticalement, et le mercure se fixe à une hauteur plus ou moins grande, selon que la pression de l'air est plus ou moins forte ; si l'air était tout-à-fait sec, cette hauteur serait de soixante-seize centimètres.

Ce tube est ordinairement fixé sur une planche, sur laquelle sont écrits, à des hauteurs indiquées par l'observation, les mots : *très-sec, beau fixe, beau temps, variable, pluie ou vent, grande pluie, tempête.* Dans les baromètres faits avec soin, ces mots sont écrits sur une plaque mobile, qu'on élève ou qu'on abaisse, suivant que les lieux où on doit s'en servir sont plus ou moins élevés au-dessus de la mer. Quelquefois, le baromètre est adapté à un cadran sur lequel les mêmes mots sont placés à des distances convenables ; les mouvements du mercure dans le tube font tourner une aiguille qui indique les changements de température.

D. Comment cet instrument peut-il indiquer les changements de temps ?

R. Plus la colonne d'air qui pèse sur le mercure est lourde, plus il s'élève dans le tube ; plus elle est légère, plus il s'abaisse, la vapeur d'eau étant plus légère que l'air ; plus l'air en contient, plus il est léger, à volume égal ; donc, quand le temps est à la pluie, l'air, qui est très-humide, est plus léger et le mercure baisse. Le baromètre n'indique les changements de temps que très-peu de temps avant qu'ils ont lieu. Cependant, quand les mouvements se font lentement, il est certain que le changement survenu durera quelques jours ; si les mouvements se font très-vite, le changement de temps sera de peu de durée. Le baromètre sert aussi à mesurer la hauteur des lieux au-dessus du niveau de la mer. Plus on s'élève, plus la colonne d'air se raccourcit et par conséquent plus elle est légère et plus le mercure baisse.

D. Qu'est-ce que l'oxigène ?

R. C'est un gaz qui entre dans la composition de l'air, pour environ un cinquième de son volume ; il alimente la respiration des hommes et des animaux ; il active la végétation et entretient la combustion ; en se combinant avec les métaux, tels que le fer, le plomb, le cuivre, etc., il forme les oxides qui colorent les sols ; lorsqu'il se combine avec un autre gaz appelé hydrogène, il donne naissance à l'eau. Le gaz oxigène n'a ni odeur, ni couleur, ni saveur ; son poids est à peu près égal à celui de l'air.

D. Qu'est-ce que le gaz azote ?

R. C'est un gaz qui entre dans la composition de l'air pour environ les quatre cinquièmes de son volume. Ce gaz existe abondamment dans toutes les matières animales ; on le trouve aussi dans les végétaux, particulièrement dans ceux qui servent à la nourriture de l'homme et des animaux, qui sont d'autant plus riches en principes nutritifs , qu'ils en contiennent plus. En se combinant avec l'hydrogène, il produit le gaz *ammonique* , qui est la base principale de la fertilité des engrais.

L'azote est incolore, insipide et inodore ; il éteint les corps enflammés et n'est pas respirable ; son poids est aussi à peu près égal à celui de l'air.

D. Qu'est-ce que le gaz acide-carbonique ?

C'est un gaz qui résulte de la combinaison du principe élémentaire du charbon , appelé *carbone*, avec l'oxigène. Ce gaz est un des principaux éléments de la nutritition des végétaux dont les parties vertes le décomposent, sous l'influence de la lumière, pour s'assimiler son carbone qui est le principal élément constitutif des matières végétales.

D. Quels sont les principaux caractères de ce gaz ?

R. Il a une odeur piquante , une saveur aigrelette ; il est plus pesant que l'air ; il éteint les corps enflammés ; il tue promptement les hommes et les animaux qui le respirent en trop grande quantité. Ce gaz est sans cesse renouvelé par la respiration des hommes et des animaux , par la combustion , par la décomposition des matières organiques, par la fermentation. Il s'en dégage en grande quantité des cuves et des tonneaux qui contiennent du vin , du cidre et de la bière en fermentation ; il en existe souvent au fond des puits et des mines. Comme il est plus lourd que l'air , il se tient toujours dans les couches les plus basses de l'atmosphère.

Comme ce gaz rend l'air impropre à la respiration , quand il y est contenu en trop grande quantité , il est important de prendre des précautions pour se préserver de son action malfaisante.

D. Quelles sont les précautions à prendre pour

neutraliser les mauvais effets de l'acide carbonique?

R. Puisqu'il est reconnu que la respiration des
hommes et des animaux en produit beaucoup, il
faut avoir soin de renouveler souvent l'air des
maisons, des lieux où il se réunit beaucoup de
monde, et des étables. La combustion, particulièrement celle du charbon, en produisant aussi
une grande quantité, il faut entretenir des courants d'air dans les appartements où on fait du
feu, particulièrement quand on y brûle du charbon. Quant aux celliers, aux puits, aux mines,
etc., il ne faut y entrer qu'après y avoir renouvelé
l'air. Pour les celliers, il suffit de laisser les fenêtres et les portes ouvertes pendant un certain
temps; pour les puits, on peut ou y jeter de l'eau
de chaux qui neutralise ses effets, ou y introduire
de l'air avec une pompe foulante.

Les nombreux accidents produits par le gaz n'ont
pas encore fait prendre assez de précautions contre
lui; cependant, il est facile de reconnaître sa présence et de se préserver de son action au moyen
des précautions fort simples que nous venons d'indiquer.

D. Comment reconnaît-on la présence de l'acide
carbonique?

R. S'il s'agit d'un appartement, on fixe une
chandelle allumée au bout d'une longue gaule
qu'on introduit dans l'appartement, en la maintenant à environ un mètre de hauteur au-dessus
du sol: si la chandelle continue à brûler, on peut
entrer sans crainte; si elle s'éteint, il faut s'empresser de sortir. S'il s'agit d'une mine ou d'un
puits, il faut mettre la chandelle dans un sceau
qu'on descend jusqu'au fond.

Les plantes qui l'absorbent et le décomposent

pendant le jour, le laissent dégager pendant la nuit; par conséquent, il est dangereux de coucher dans un appartement hermétiquement fermé où il y a beaucoup de plantes, surtout quand elles sont en fleurs.

D. Quelle est l'action de l'air sur les animaux ?

R. Il alimente leur respiration et leur transmet les sons et les odeurs. Il est quelquefois employé comme moteur.

D. Quelle est l'action de l'air sur les plantes ?

R. L'air, aspiré par les feuilles, fait circuler la sève dans toutes les parties des plantes. Chargé de carbonique et des autres gaz qui se dégagent du sol, il concourt à leur nutrition ; en s'introduisant dans le sol, il hâte la décomposition des engrais et active la germination des graines. Enfin, il concourt à la fécondation des plantes en transportant, souvent à de grandes distances, leur poussière séminale.

D. Quelle est la cause des vents?

R. Les physiciens attribuent pour cause aux vents, les mouvements imprimés aux diverses couches de l'atmosphère par la dilatation ou la condensation de l'air, ou les ébranlements produits par les courants électriques. Ce sont les vents qui purifient l'air, en transportant au loin les vapeurs nuisibles. Ce sont aussi eux qui poussent dans les diverses régions de l'air les nuages qui donnent naissance aux pluies.

D. Quels sont les effets des vents, suivant les points d'où ils viennent ?

R. Dans nos contrées, ceux qui viennent du Midi et du Couchant, produisent ordinairement de la pluie ; ceux du Nord et de l'Est, donnent du beau temps ; mais quelquefois les derniers sont arides et brûlants. Ceux du Sud-Est, que quelques cultivateurs appellent vents solaires ou vents de dessous le soleil, sont souvent très-nuisibles au blé-noir, lorsqu'ils règnent pendant qu'il est en fleur.

D. Qu'est-ce que l'eau ?

R. C'est un liquide composé, lorsqu'il est pur, d'une partie de gaz oxigène et de deux parties d'hydrogène, en volume, ou de quatrevingt-huit parties et quatre-vingt-dix centièmes d'oxygène, et de onze parties et dix centièmes d'hydrogène, en poids.

D. Quels sont les principaux caractères physiques de l'eau ?

R. L'eau pure est transparente, sans couleur, sans odeur et sans goût ; elle mouille presque tous les corps et en dissout un grand nombre ; elle est peu compressible.

On ne trouve jamais l'eau pure dans la nature ; elle contient toujours quelques substances étrangères qu'elle a dissoutes en coulant, soit à la surface, soit à l'intérieur de la terre. L'eau de pluie n'est même pas complètement pure.

D. Quelle est l'action de la chaleur et du froid sur l'eau ?

R. La chaleur la dilate et la fait passer à l'état de vapeur, et augmente considérablement son volume (ce volume devient 1698 fois plus grand). Le froid la solidifie et augmente aussi sensiblement son volume (1). Cette propriété qu'a l'eau d'augmenter de volume en se gelant, nous servira pour expliquer l'action des gelées sur les plantes et sur l'ameublissement des terres.

D. Comment l'eau, dont il se fait une si grande consommation, se renouvelle-t-elle?

(1) Cette augmentation de volume est d'environ un septième de celui de l'eau à zéro.

R. Par les pluies qui, en s'infiltrant dans les terres, donnent naissance aux sources ; les sources alimentent les ruisseaux, la réunion des ruisseaux forme les rivières et les fleuves, qui se jettent dans la mer. Quelques sources ont pour origine la fonte des neiges accumulées sur les hautes montagnes, qui se fondent peu à peu par l'action du soleil.

D. Comment explique-t-on la formation des pluies ?

R. La chaleur du soleil fait passer à l'état de vapeur les eaux exposées à son action ; ces vapeurs, en se réunissant et en se condensant, par suite du refroidissement de la couche d'air dans laquelle elles se trouvent, produisent les nuages, formés de vésicules très-petites et très-légères qui, en se réunissant peu à peu, forment des gouttes plus grosses, qui sont entraînées vers la terre par leur poids. Ces gouttes augmentent de volume en passant dans des couches d'air chargées d'humidité ; si, au contraire, elles traversent des couches d'air sec, elles se vaporisent en partie, et les physiciens pensent que c'est pour cela qu'il pleut souvent moins dans les plaines que sur les montagnes.

Quelquefois la condensation des nuages a lieu par suite de leur contact avec le fluide électrique, et c'est ce qui donne lieu aux pluies d'orage.

D. Les pluies provenant des vapeurs d'eau de mer sont-elles salées ?

R. Non : l'eau de mer, en passant à l'état de vapeur, se sépare du sel, qui ne peut se vaporiser qu'en trop petite quantité pour que l'eau de pluie soit sensiblement salée.

D. Quelle est la cause de la formation de la neige ?

R. La neige est due aux mêmes causes que la pluie, ce n'est autre chose que des gouttes qui se sont solidifiées en passant par des couches plus froides que celles où elles s'étaient formées.

D. Quelles sont les causes qui produisent la grêle?

R. Les explications données par les savants diffèrent tellement, qu'on ne peut guère les regarder que comme des suppositions plus ou moins ingénieuses. Comme les plus fortes grêles sont presque toujours accompagnées d'orage, on est très-porté à croire que l'électricité est pour beaucoup dans sa formation. Les grêles produisent souvent de grands dégats sur les récoltes. Dans les contrées où elles ont lieu fréquemment, les cultivateurs prudents font assurer leurs cultures contre ce redoutable fléau qui cause quelquefois la ruine de toute une contrée.

D. Qu'est-ce que le brouillard?

R. Le brouillard n'est autre chose que des nuages retenus par leur poids à la surface de la terre, et qui s'élèvent lorsque le soleil les dilate en les échauffant.

D. Quelle est la cause de la rosée?

R. La rosée est produite par les vapeurs d'eau contenues dans les couches les plus basses de l'atmosphère, qui se condensent en se refroidissant par leur contact avec les corps placés à la surface de la terre, et dont la température s'est abaissée après le coucher du soleil.

Les corps placés à la surface de la terre se refroidissent après le coucher du soleil, parce que l'air leur soutire leur chaleur jusqu'à ce que sa température soit devenue égale à la leur (c'est ce qu'on appelle, en physique, *rayonnement*). Pour que la rosée se forme, il faut que le temps soit serein; car les nuages empêchent le rayonnement. Il faut aussi qu'il ne fasse pas trop de vent.

D. Quelle est la cause des gelées blanches?

R. Les gelées blanches ont la même cause que la rosée ; seulement, lorsqu'elles ont lieu, l'abaissement de la température est plus grand et plus subit.

D. Quelle est l'action des gelées blanches sur les végétaux ?

R. 1° En se fondant rapidement au soleil, elles enlèvent aux plantes une grande quantité de chaleur. 2° L'eau qui forme la majeure partie de la sève, augmentant de volume en se gelant, tandis que le froid rétrécit les vaisseaux qui la contiennent, déchire ces vaisseaux et occasionne la mort de la plante.

Les gelées de printemps et d'été sont bien plus nuisibles aux plantes que celles d'hiver, parce que, dans le printemps et dans l'été, la sève est beaucoup plus abondante qu'en hiver.

D. Quelle est l'action de l'eau sur les animaux ?

R. Elle fait partie de tous les liquides qui entrent dans l'économie animale ; elle est la boisson par excellence ; elle les rafraîchit en été ; enfin, elle sert au maintien de la propreté. Employée comme moteur, elle remplace le travail de l'homme et des animaux, etc., etc.

D. Quelle est l'action de l'eau sur les végétaux ?

R. Absorbée par les feuilles, qui la décomposent, elle active la végétation ; en s'introduisant dans la terre, elle active la fermentation des engrais, dont elle dissout les parties fertilisantes qui sont ensuite absorbées par les racines ; enfin, elle forme la plus grande partie de la sève. L'eau concourt aussi à la germination, en activant la fermentation de la graine.

D. Qu'est-ce que la chaleur ?.

R. La chaleur est cette sensation que nous éprouvons lorsque nous nous approchons du feu ou lorsque nous sommes exposés aux rayons du soleil, etc.

D. Quelle est la cause de la chaleur ?

R. La chaleur est produite par un fluide insaisissable que les physiciens appellent calorique. Ce fluide existe dans tous les corps, en plus ou moins grande quantité.

D. Combien distingue-t-on d'espèces de chaleur?

R. Deux, la chaleur naturelle et la chaleur artificielle.

D. Comment divise-t-on la chaleur naturelle?

R. En chaleur solaire, celle qui vient du soleil ; chaleur terrestre, celle qui provient de la terre ; chaleur vitale, celle qui existe dans les animaux et les végétaux.

D. Comment divise-t-on la chaleur artificielle ?

R. En chaleur par combustion, celle qui provient des corps qui brûlent ; chaleur par frottement ; chaleur par percussion ; chaleur chimique, celle qui provient du mélange ou de la combinaison de certains corps.

D. Quelle est l'action de la chaleur sur les corps en général ?

R. Elle les dilate et les fait changer d'état, c'est-à-dire qu'elle les fait passer de l'état solide à l'état liquide, et de l'état liquide à l'état gazeux.

D. Quelle est l'action de la chaleur sur les animaux ?

R. Elle concourt à leur développement, à l'entretien de leur vie, à la coloration de leurs parties extérieures, etc.

D. Quelle est l'action de la chaleur sur les végétaux ?

R. Elle développe la fermentation nécessaire à la germination et à la décomposition des engrais ; elle active la circulation de la sève ; elle mûrit les graines et les fruits, et leur donne la saveur.

D. Qu'appelle t-on température?

R. C'est la quantité de chaleur contenue dans un corps ou dans un lieu quelconque.

D. Peut-on mesurer les variations de la température?

R. Oui : on se sert pour cela d'un instrument appelé thermomètre.

D. Donnez-nous la description du thermomètre.

R. Le thermomètre est composé d'un tube de verre d'un très-petit diamètre et égal dans toute sa longueur, fermé par les deux bouts, dont l'un est renflé. Ce tube doit être entièrement vide d'air et rempli de mercure ou d'*alcool* (esprit de vin) jusqu'au tiers de sa longueur. Le point marqué *zéro* indique la température de la glace fondante; celui marqué cent, pour le thermomètre centigrade (divisé en cent degrés), ou quatre-vingt, pour le thermomètre de Réaumur, indique la température de l'eau bouillante. L'espace compris entre ces deux points est divisé en 80 ou 100 parties égales, appelées degrés, qui servent à mesurer la température entre ces deux extrêmes. Au-dessous du zéro, se trouvent des degrés de même dimension, qui mesurent l'abaissement de la température au-dessous de la glace fondante. Ordinairement, on fixe ce tube sur une plaque de bois, de verre ou de métal, sur laquelle on marque les degrés.

D. Comment cet instrument peut-il indiquer les variations de la température?

R. La chaleur ayant la propriété de dilater les corps, plus la température sera élevée (chaude), plus le liquide contenu dans le tube se dilatera et plus il s'élèvera. Plus la température sera basse (froide), plus le liquide se condensera et plus il baissera.

D. Quels sont les corps qui s'échauffent les
plus promptement, par rapport à leur couleur et
au plus ou moins de poli de leurs surfaces extérieures?

R. Les corps noirs s'échauffent les plus promptement ; les corps blancs s'échauffent les plus lentement.

Les corps dépolis, à surfaces rudes, s'échauffent plus promptement que les corps polis.

D. Qu'est-ce que la lumière ?

R. La lumière est un fluide insaisissable, qui
éclaire l'univers et dont le soleil et les étoiles sont
probablement la source et le foyer.

D. Quelle est l'action de la lumière sur les végétaux?

R. Elle les colore et relève leur saveur ; c'est
sous son influence que les parties vertes des végétaux décomposent les gaz contenus dans l'air,
pour s'assimiler leurs éléments.

Les végétaux qui croissent dans les lieux privés
de lumière ont une couleur pâle et un goût fade ;
ils sont ce qu'on appelle étiolés.

D. Quelle est l'action de la lumière sur les animaux?

R. On ne connaît pas bien la manière dont la
lumière agit sur les animaux ; mais l'altération
qu'éprouve la santé de ceux qui sont privés de sa
bienfaisante influence, prouve qu'elle est absolument nécessaire à leur santé.

D. Qu'est-ce que l'électricité ?

R. On appelle électricité le fluide qui produit le
tonnerre. On suppose qu'il est composé de deux
autres fluides dont l'un porte le nom d'électricité
résineuse ou positive, et l'autre celui d'électricité
vitreuse ou négative.

L'électricité négative s'unit aux alcalis et favorise la végétation. L'électricité positive s'unit aux acides et nuit à la végétation.

D. Quelle est l'action de l'électricité sur les végétaux?

R. Son action n'est pas bien connue; on pense qu'elle active la végétation et hâte la maturité des graines et des fruits. Il est probable qu'elle concourt aussi à la germination.

D. Qu'appelle-t-on climat?

R. C'est l'état de chaleur, de froid, de sécheresse, d'humidité dans lequel se trouve un pays pendant les différentes saisons.

D. Les bois et les montagnes ont-ils quelqu'action sur le climat d'un pays?

R. Les bois et les montagnes ont la propriété d'attirer les nuages; par conséquent il y tombe plus de pluie ou de neige que sur les plaines découvertes; donc ils rendent le climat plus humide. C'est pour cela que toutes les rivières ont leur source dans les montagnes ou dans les forêts.

Le défrichement des bois pouvant changer le climat d'un pays, le Gouvernement s'est réservé le droit de l'empêcher toutes les fois qu'il est prouvé qu'il peut être nuisible. C'est pour cela que les propriétaires sont obligés de demander l'autorisation du Gouvernement avant de défricher un bois.

D. La lune a-t-elle quelqu'action sur les êtres organisés?

R. Quoiqu'en disent nos cultivateurs, cette action ne nous paraît pas appréciable, et nous sommes très-portés à croire qu'elle n'existe pas.

CHAPITRE II.

DES SOLS ET DES SOUS-SOLS.

D. Qu'appelle-t-on sol ?

R. Le sol est la couche supérieure de la terre.

D. Qu'appelle-t-on sous-sol ?

R. Le sous-sol est la couche de terre qui est immédiatement au-dessous du sol.

D. Qu'appelle-t-on sol arable ou labourable ?

R. En agriculture, on ne considère comme sol arable que celui qui est en état de produire des végétaux cultivés, en quantité suffisante pour couvrir les frais de culture, ou celui qui peut être mis en culture au moyen de travaux dont les frais soient en proportion avec les produits qu'il pourra donner, après qu'il aura reçu les travaux.

D. Quelles sont les matières qui entrent dans la composition des sols ?

R. Les sols contiennent du sable, de l'argile, de l'humus; on y trouve aussi quelquefois du carbonate de chaux, de l'oxyde de fer, du mica, de la magnésie, de la marne, du plâtre, de la tourbe, etc. Ce sont les mélanges de ces diverses substances qui constituent les diverses variétés de sols arables.

D. Qu'est-ce que le sable ?

R. Le sable est formé de débris plus ou moins gros, de diverses espèces de pierres. Lorsque ces débris atteignent la grosseur d'une noisette, ils prennent le nom de gravier.

D. Quels sont les effets du sable dans les terres ?

R. Le sable agit mécaniquement; il divise les terres et les rend légères, friables et perméables à l'humidité.

Le sable seul est infertile et les sols dans lesquels il domine sont dits sablonneux.

D. Comment reconnaît-on les sols sablonneux ?

R On reconnaît qu'un sol est sablonneux, 1° lorsqu'étant labouré à l'état humide, la colée (bande de terre) est rude et se brise facilement ; 2° lorsqu'il n'adhère point aux instruments ; 3° lorsqu'il ne se crevasse point en été ; 4° lorsqu'il perd facilement son humidité ; 5° lorsqu'étant réduit en pâte, cette pâte est rude au toucher ; 6° lorsque le seigle y réussit, etc.

D. Quels sont les qualités des sols sablonneux ?

R. Ils sont faciles à travailler ; ils peuvent être labourés en toute saison ; ils ne sont jamais trop humides ; enfin, ils sont précoces, quand ils sont bien exposés et d'une couleur un peu foncée.

D. Quels sont leurs défauts ?

R. Ils perdent trop facilement leur humidité et sont impropres à la culture du froment, du trèfle, de la betterave, etc.

D. Qu'est-ce que l'argile ?

R. L'argile est une terre grasse, douce au toucher ; elle est formée de deux substances appelées silice et alumine. Le plus souvent, l'argile est jaune ou blanche ; quelquefois, elle est colorée par les oxydes métalliques, en rouge, brun, noir, etc. L'argile absorbe beaucoup d'eau et se durcit au feu ; c'est pour cela qu'on l'emploie pour la fabrication des briques, de la poterie, des pipes, etc.

L'argile pure est infertile. Les sols où elle domine sont dits argileux.

D. Quels sont les effets de l'argile dans les terres?

R. Elle les rend lourdes, compactes, froides et imperméables.

D. Comment reconnaît-on les sols argileux ?

R. On reconnaît qu'une terre est argileuse,

1o lorsque la colée ne se brise pas facilement ; 2° lorsque ses bords sont luisants ; 3° lorsqu'elle se durcit et se crevasse par la sécheresse ; 4o lorsqu'elle adhère fortement aux instruments ; 5° lorsqu'après les pluies, l'eau reste à sa surface ; 6° lorsqu'étant réduite en pâte, elle est douce au toucher.

D. Quelles sont les qualités des terres argileuses?

R. Elles ne souffrent jamais de la sécheresse, et, lorsqu'elles ne sont pas trop compactes et trop humides, elles sont propres à presque toutes les cultures.

D. Quels sont leurs défauts ?

R. Lorsqu'elles sont très-compactes, elles ne peuvent être labourées, ni par l'humidité, ni par la sécheresse ; comme elles adhèrent fortement aux instruments, elles fatiguent beaucoup les bêtes de trait ; enfin, elles conservent souvent un excès d'humidité dont on ne peut les débarrasser qu'au moyen de desséchements qui sont toujours très-coûteux.

D. Qu'est-ce que le carbonate de chaux ?

R. Ce sont des pierres contenant de la chaux, unie à l'acide carbonique, comme les pierres à chaux, les marbres, etc. Les coquilles sont aussi formées de carbonate de chaux. Les sols qui contiennent de la chaux sont dits calcaires. Ils sont excessivement rares en Bretagne.

D. Quels sont les effets du carbonate de chaux dans les terres ?

R. Ils sont à peu près les mêmes que ceux de la chaux, dont nous parlerons à l'article des amendements.

D. Quels sont les signes qui indiquent un sol calcaire ?

R. Le signe le plus certain, c'est lorsqu'il se

produit un bouillonnement avec dégagement de fumée, quand on verse dessus de l'acide nitrique , du vinaigre très-fort ou un autre acide (1).

D. Quelles sont les qualités des sols calcaires ?

R. Lorsque les substances calcaires n'entrent pas dans leur composition pour plus d'un tiers de leur poids , ils sont très-fertiles et propres à la culture des céréales , des trèfles , luzernes , etc.

D. Quels sont leurs défauts ?

R. Quand la chaux domine dans les terres , les engrais y sont trop promptement décomposés. La réflexion de la chaleur, qui a lieu par suite de leur couleur blanche , les rend arides et brûlantes. Les gelées les soulèvent et occasionnent le déchausse-ment des plantes qu'on y cultive.

D. Qu'est-ce que l'humus ?

R. C'est le terreau produit par la décomposition des matières organiques , soit qu'elles aient été apportées dans le sol par la main de l'homme, soit qu'elles proviennent des végétaux qui y ont cru spontanément et y ont laissé leurs débris.

D. Comment connaît-on qu'une terre contient de l'humus ?

R. 1º Par la richesse de la végétation des plantes

---

(1) Nous savons que ce bouillonnement a lieu pour les autres carbonates ; mais ces autres carbonates ne se trouvent que très-rarement dans le sol ; cependant , si on a besoin de reconnaître d'une manière certaine la présence du calcaire, comme quand il s'agit d'essayer un amendement , marne , sable , etc. , on procède comme suit : on met dans un verre une petite quantité de la substance à essayer; on verse dessus de l'acide muriatique ; quand ce bouillonnement a cessé , on délaie le tout avec de l'eau de pluie ; puis on filtre avec le filtre en papier , on verse dans le liquide filtré de l'ammoniaque , puis de l'acide oxalique ; s'il se dépose au fond du vase une poudre blanche , on peut être certain que la substance essayée contient du carbonate de chaux. On trouve l'ammoniaque , les acides , le papier à filtrer, chez les pharmaciens: le prix de ces objets est peu élevé.

qui

qui y croissent ; 2° par la couleur brune de la terre ; 3° si, en la brûlant dans un vase de fer, après
l'avoir desséchée, elle perd une notable partie de
son poids ; 4° si, en la faisant bouillir dans l'eau,
on obtient une liqueur brune. Ces deux derniers
moyens de reconnaître la présence de l'humus ne
sont guère employés que par les chimistes ; les
deux premiers suffisent aux cultivateurs.

D. Quels sont les effets de l'humus dans les
terres ?

R. En s'y décomposant, il fournit aux plantes
les principaux éléments de leur nutrition ; il ameublit les terres lourdes et humides, par la propriété
qu'il a d'absorber beaucoup d'eau et de ne la perdre que lentement ; il conserve la fraîcheur aux
terres légères. L'humus se décomposant sans cesse
pour fournir aux plantes les principes nutritifs,
doit être renouvelé au moyen des engrais.

D. Qu'est-ce que la tourbe ?

R. C'est une terre noirâtre, spongieuse, composée de végétaux en partie décomposés.

La tourbe, bien desséchée, s'emploie comme
combustible. On peut aussi la convertir en charbon.

D. Comment reconnaît-on les sols tourbeux ?

R. A leur couleur noirâtre, aux débris de végétaux qu'ils contiennent, à leur spongiosité, à leur
élasticité, et enfin, à une odeur particulière qui
s'en dégage quand on les brûle.

D. Qu'appelle-t-on oxide de fer ?

R. C'est une substance produite par la combinaison du fer avec le gaz oxygène, c'est ce qu'on
appelle la rouille.

D. Quelle est son action dans les sols ?

R. Il les colore et les rend plus capables d'absorber la chaleur ; son excès est nuisible (1).

D. Qu'est-ce que le mica, et quelle est son action dans les terres ?

R. C'est une substance qu'on trouve le plus ordinairement en petites feuilles blanches et luisantes. L'action du mica est la même que celle du sable de même volume.

D. Qu'est-ce que la magnésie et quelle est son action ?

R. C'est un oxide métallique blanc, qui absorbe beaucoup d'eau et la laisse facilement évaporer. Sa présence dans le sol est presque toujours nuisible.

D. Qu'appelle-t-on terres d'alluvion ?

R. Ce sont des terrains formés par les matières que les eaux laissent déposer, soit sur les bords des rivières, soit à leur embouchure. Ces terrains, formés en grande partie de matières organiques, sont très-fertiles quand ils ne sont pas trop humides.

D. De quoi sont composés les sous-sols ?

R. Des mêmes matières que les sols, si ce n'est l'humus, qui ne s'y trouve pas ordinairement, et de diverses espèces de pierres : silex, granites, quartz, schistes, moellons, etc.

D. Qu'est-ce que le silex ?

R. C'est une pierre dure et cassante qu'on trouve ordinairement dans les terrains calcaires, faisant feu par le choc du briquet, diversement colorée, et qu'on appelle vulgairement pierre à feu.

D. Qu'appelle-t-on quartz ?

R. Ce sont des pierres dures et cassantes, tantôt blanches, tantôt colorées par les oxides, en rouge, jaune, etc. ; tantôt veinées. Les variétés communes qui se trouvent dans nos contrées, sont ordinairement employées à l'empierrement des routes.

(1) Il se trouve quelquefois, dans les terres, des oxides d'autres métaux, qui ont aussi la propriété de les colorer.

D. Qu'appelle-t-on granites ?

R. Ce sont des pierres à grain plus ou moins fin, se taillant facilement, qu'on appelle vulgairement pierres de taille.

D, Qu'appelle-t-on schistes ?

R. Ce sont des pierres tantôt dures et compactes, tantôt tendres et se divisant en plaques plus ou moins épaisses, et qu'on trouve abondamment dans nos contrées. Leur couleur est tantôt grise, tantôt verdâtre, tantôt bleue. C'est avec une certaine variété de schiste tendre qu'on fait l'ardoise.

D. Qu'appelle-t-on moellon ?

R. On comprend, en général, sous ce nom, toutes les pierres à bâtir, autres que la pierre de taille.

D. Quelle est l'action des sous-sols sur les sols ?

R. Ils les rendent plus ou moins humides, selon qu'ils sont plus ou moins perméables. Ils peuvent quelquefois servir à leur amélioration, comme nous le verrons plus tard.

D. N'existe-t-il pas des moyens de reconnaître les quantités de chacun des principes constituants qui entrent dans la composition des sols et des sous-sols.

R. L'analyse chimique fournit les moyens de séparer les diverses matières qui entrent dans la composition des sols, et d'en reconnaître les quantités. En pratique, on n'a presque jamais recours à ce moyen ; les signes caractéristiques que nous avons indiqués suffisent aux cultivateurs expérimentés pour connaître la nature de leurs sols.

D. Qu'appelle-t-on puissance des sols?

R. C'est leur faculté productive, relativement à leur composition.

D. Qu'est-ce qui constitue la richesse des sols ?

R. C'est l'humus.

D. Qu'est-ce qui produit la fertilité ?

R. C'est la réunion de la richesse et de la puissance.

D. Quels sont les terrains qui s'échauffent le plus promptement?

R. Plus la couleur d'un terrain est foncée, plus il s'échauffe facilement. A couleur égale, les terrains exposés au midi s'échauffent plus promptement que ceux exposés au nord.

D. Quelles sont les principales qualités d'un bon sol?

R. Un bon sol doit contenir une quantité d'humus suffisante pour fournir aux plantes les sucs nutritifs dont elles ont besoin, être assez perméables pour ne pas retenir trop d'humidité, assez compacte pour ne pas se dessécher trop promptement, assez meuble pour que les racines des plantes puissent s'y développer facilement; cependant, assez solide pour qu'elles puissent y être fixées, assez coloré pour pouvoir absorber une quantité suffisante de chaleur, assez profond pour qu'on puisse y cultiver toutes les plantes qu'on cultive dans les exploitations agricoles; enfin, être bien exposé. Il doit aussi contenir une quantité suffisante de calcaire.

CHAPITRE III.

DES AMENDEMENTS.

D. Qu'appelle-t-on amendements?

R. Ce sont des substances minérales qu'on met dans les terres pour en changer la composition physique.

D. Qu'est-ce qu'amender un sol?

R. C'est augmenter sa puissance en y mettant des amendements.

D. Quelles sont les substances qu'on emploie le plus souvent comme amendements ?

R. Ce sont l'argile, le sable, la chaux, le sable de mer, les vases, les cendres et la marne. Les six dernières agissent aussi comme engrais inorganiques.

D. Quelles sont les considérations auxquelles on doit avoir égard avant d'entreprendre un amendement ?

R. Il faut examiner attentivement la nature du terrain qu'on veut amender et celle des substances qu'on veut y mettre ; calculer le plus approximativement possible les frais de l'opération, et voir s'il y a lieu d'espérer que l'amélioration qu'on obtiendra couvrira l'intérêt du capital qu'on aura dépensé pour la faire.

Si c'est un fermier qui doit faire l'amendement, il doit voir si la durée de son bail lui permettra de rentrer dans ses déboursés avec un bénéfice convenable. Les amendements qui demandent de grands déboursés ne peuvent guère être faits par les fermiers, surtout quand les résultats ne doivent pas être prompts.

Genre d'amendement qui convient à chaque sol.

D. Comment amende-t-on les sols légers ?

R. En y mettant de l'argile, des vases et toutes les autres substances propres à les rendre plus compactes. Les fumiers très-décomposés y produisent un très-bon effet.

D. Ne peut-on pas amender les sols légers par le défoncement ?

R. Toutes les fois que le sous-sol est argileux, on peut, en le ramenant à la surface et en le mêlant au sol, obtenir de bons résultats ; mais, si le sous-sol est léger, il ne faut pas le remuer.

D. Comment amende-t-on les sols argileux?

R. S'ils sont trop humides, il faut commencer par les dessécher comme il sera dit ci-après, puis on y met du sable, des amendements calcaires, des fumiers peu décomposés, surtout ceux qui contiennent des matières ligneuses, comme genêts, ajoncs, bruyères, paille de colza, de navette, etc.

D. Peut-on amender les sols argileux par le défoncement?

R. Oui, quand ils reposent sur un sous-sol sablonneux; mais, si le sous-sol est argileux, il faut se borner à l'ameublir, comme il sera dit ci-après, mais sans le ramener à la surface.

D. Ne peut-on pas aussi améliorer ces sols par les labours?

R. On peut ameublir les sols argileux par des labours fréquents, faits en temps convenable. Les labours d'automne y produisent un très-bon effet, en laissant les terres exposées pendant l'hiver à l'action de la gelée, qui a la propriété de les ameublir.

D. Comment amende-t-on les sols trop calcaires?

R. En y mêlant de l'argile, s'ils sont trop légers; du sable, s'ils sont trop compactes; des fumiers frais, surtout ceux des bêtes à cornes.

D. Comment amende-t-on les sols qui ne contiennent pas de matières calcaires?

R. En y mettant du carbonate de chaux, du sable de mer, contenant beaucoup de coquillages (*celui appelé merle*), de la chaux, de la marne, du plâtre, etc.

D. Comment amende-t-on les sols tourbeux?

R. On commence par les dessécher, puis on y met des amendements calcaires. L'écobuage peut aussi être employé avec avantage. Il est rarement avantageux de cultiver les sols tourbeux ; le meilleur parti qu'on puisse en tirer , c'est de les mettre en prairies. Les terrains tourbeux sont impropres à la culture des arbres.

Manière d'employer chaque amendement.

D. Comment emploie-t-on l'argile , le sable , etc. ?

R. On les répand sur le sol , le plus également possible ; puis on les enterre par un léger coup de charrue , qu'on fait suivre d'un labour à l'extirpateur. La profondeur des labours suivants doit augmenter progressivement , afin que l'amendement soit bien mélangé à toutes les parties de la couche arable.

D. Comment emploie-t-on les vases de rivière et d'étang ?

R. Il faut, autant que possible , les laisser exposées à l'air, en tas , pendant au moins un an , afin qu'elles perdent leur excès d'humidité et qu'elles laissent dégager l'hydrogène sulfuré et divers autres gaz acides , nuisibles à la végétation, qui s'y trouvent contenus en grande quantité. Quand on est obligé de les employer fraîches , il faut y mêler de la chaux , en quantité suffisante , pour neutraliser l'effet des gaz acides.

D. Qu'est-ce que la chaux vive ?

R. C'est le carbonate de chaux , séparé de son acide carbonique par l'action du feu. C'est la chaux cuite.

D. Quelle est son action dans les terres ?

R. Elle ameublit et assainit les terres humides ; elle donne de la consistance aux terres légères , quand elles ne sont pas par trop sablonneuses ; elle neutralise l'action nuisible des acides qui se forment dans le sol par suite de la décomposition des matières organiques, particulièrement de l'acide carbonique, avec lequel elle s'unit très-promptement pour reconstituer le carbonate de chaux. Enfin, elle rend les terres propres à produire du trèfle, de la luzerne et autres plantes de la même famille.

D. Comment emploie-t-on la chaux ?

R. Voici la manière la plus simple de l'employer. On la dépose sur le sol par petits tas d'égal volume et régulièrement espacés. La grosseur des tas varie suivant la dose qu'on veut employer. On la laisse ainsi exposée à l'air jusqu'à ce qu'elle soit délitée (réduite en poussière), puis on la mêle avec un volume à peu près égal de terre ; ensuite, on la répand sur le sol et on l'enterre par un léger labour.

D. A quelle dose faut-il employer la chaux ?

R. La dose varie suivant la nature des terres ; plus elles sont humides, plus il faut en mettre. Sur les terres de consistance moyenne, on met trente à quarante hectolitres par hectares (environ huit à dix barriques par journal de quarante-huit ares).

D. Peut-on diminuer la dose d'engrais sur les terres qui ont reçu de la chaux ou d'autres amendements ?

R. Non ; car les amendements n'agissent guère que sur le sol, qu'ils mettent dans des conditions plus favorables au développement des végétaux, et la quantité très-minime de ces substances qui est absorbée par les plantes, ne peut remplacer les engrais organiques.

D. Qu'est-ce que la marne ?

R. C'est une matière terreuse, composée de sable ou d'argile et de chaux. Ses propriétés se rapprochent d'autant plus de celle de la chaux, qu'elle en contient une plus grande quantité. La marne

argileuse convient aux terres légères ; la marne
sablonneuse aux terres lourdes. Sa dose varie suivant sa richesse en chaux. Malheureusement, cette
précieuse substance ne se trouve pas maintenant
dans nos contrées, ou du moins y est fort rare.

D. Comment distingue-t-on la marne des argiles ?

R. On emploie les moyens indiqués pour reconnaître le calcaire. Plus l'effervescence est forte
et prolongée, plus la marne contient de chaux.

D. Quelles sont les propriétés du sable de mer ?

R. Elles sont les mêmes que celles de la marne,
suivant qu'il est plus ou moins riche en coquilles,
qui, comme nous l'avons dit, ne sont autre chose
que du carbonate de chaux. De plus, il agit mécaniquement, pour diviser et comme engrais, à cause
du sel et des matières organiques qu'il contient.

D. Le sable formé de débris de coquilles doit-il
être préféré à la vase de mer ?

R. Il est évident que, si c'est comme amendement calcaire qu'on veut employer les engrais de
mer, on doit préférer le sable formé de débris de
coquilles. Celui qui est connu sur nos côtes sous le
nom de merle, est le plus riche. Il est prouvé, par
l'expérience, qu'une charretée de merle produit
plus d'effet que trois charretées de vase (terre de
grève). Le merle peut être employé sans inconvénient sur tous les sols ; il peut être mis dans les terres au moment où il sort de la mer, et il n'est pas
nécessaire de le mélanger à du terreau. Il n'en est
pas ainsi de la vase, qu'il est souvent très-dange-
reux d'employer fraîche et sans mélange, à cause
des gaz nuisibles qu'elle contient et dont l'effet fâ-
cheux ne se manifeste quelquefois qu'au bout de
deux à trois ans.

D. Comment et à quelle dose emploie-t-on le
merle ?

R. On l'emploie comme les amendements, la dose varie suivant sa qualité. On met, en moyenne, de quatre-vingt à cent hectolitres par hectare (environ huit à dix mètres cubes) de bon merle. On pourrait doubler cette dose sur presque toutes nos terres.

CHAPITRE IV.

DES ENGRAIS.

D. Qu'appelle-t-on engrais ?

R. On appelle engrais toutes les substances qu'on met dans les terres, pour fournir, par leur décomposition, les principes nutritifs qui alimentent la végétation, autrement dit, qui servent de nourriture aux plantes.

Les engrais étant continuellement absorbés par les plantes, il faut les renouveler assez souvent et en assez grande quantité pour que le sol puisse toujours en fournir aux plantes suivant leurs besoins. L'expérience a prouvé qu'on ne peut enlever aux sols, par la culture des plantes, qu'une quantité de principes nutritifs, égale à celle qu'on peut leur restituer par leurs engrais, à moins de diminuer leur fertilité. Il est aussi bien prouvé que les labours ne peuvent, comme l'ont dit certains agriculteurs, suppléer les engrais.

D. Comment classe-t-on les engrais ?

R. En deux grandes classes, les engrais organiques et les engrais inorganiques ou minéraux.

D. Qu'appelle-t-on engrais inorganiques ?

R. Ce sont le plâtre, les cendres, les sels, la suie, etc. On peut aussi mettre la chaux, la marne et le sable calcaire au nombre des engrais inorganiques. Quelques agriculteurs donnent à ces substances le nom de stimulants, parce qu'ils supposent qu'elles ont la propriété de stimuler les organes de nutrition des végétaux ; mais cette supposition n'est pas fondée ; car les organes des végétaux qui ne sont pas doués de sensibilité ne peuvent être stimulés.

L'action énergique de quelques-unes de ces substances est due, sans doute, à ce qu'elles se dissolvent promptement et présentent aux racines des sucs nutritifs qu'elles peuvent facilement absorber.

D. Est-il bien prouvé que les plantes absorbent des matières inorganiques ?

R. L'analyse chimique des plantes a démontré, d'une manière positive, qu'elles contiennent de la chaux, du souffre, de la silice, de la potasse, des sels, composés de diverses bases et d'acides végétaux, etc.

L'expérience a démontré aussi que ces substances ne sont pas contenues accidentellement dans les plantes, mais qu'elles sont tellement nécessaires au développement des organes dont elles doivent faire partie, que ces organes ne se développeraient qu'imparfaitement et ne pourraient remplir les fonctions auxquels ils sont destinés, si les plantes ne trouvaient pas dans les sols ces matières inorganiques. La paille des céréales ne serait pas assez forte pour supporter le poids de l'épi, si elle ne contenait pas de silice ; beaucoup de fruits seraient sans saveur s'ils ne contenaient pas certains acides, etc.

D. Qu'est-ce que le plâtre ?

R. Le plâtre, qu'on appelle aussi gypse, et auquel les chimistes donnent le nom de *sulfate de chaux*, est composé d'acide sulfurique (1) et de

(1) L'acide sulfurique est composé de soufre et d'oxygène. st ce qu'on appelle huile de vitriol. Il entre dans toutes les stances appelées sulfates.

chaux. Cet engrais convient surtout au trèfle , à la luzerne et autres plantes de la même famille ; ses effets sont nuls sur les terres humides et sur celles qui contiennent déjà des substances calcaires.

D. Comment et à quelle dose emploie-t-on le plâtre ?

R. Quand on l'emploie cru , on le pulvérise et on le répand comme les amendements. Le plus ordinairement , on le fait cuire , puis on le pulvérise et on le répand sur les plantes quand elles ont acquis environ un décimètre de hauteur. On choisit pour cela le moment où elles sont mouillées par la rosée ou un temps pluvieux. Sa dose est de six à huit hectolitres à l'hectare.

D. Qu'est-ce que le sel alimentaire ?

R. C'est celui qui sert à assaisonner les aliments. Les chimistes l'appellent *chlorure de sodium*, parce qu'il est composé de chlore de sodium. Ces deux substances , prises séparément , sont des poisons. Il y a deux espèces de sel alimentaire , le sel marin , qu'on obtient en faisant évaporer l'eau de mer , et le sel gemme , qu'on extrait des mines qui se trouvent dans certaines parties de la France et dans plusieurs autres pays.

D. Quels sont les effets du sel dans les terres ?

R. Généralement on attribue au sel des effets au-dessus de ceux qu'il a réellement. Par suite de la propriété qu'il a d'absorber l'humidité , il entretient la fraîcheur du sol. En se décomposant , il donne, aux plantes qui en ont besoin, du chlore et du sodium. Il passe aussi pour communiquer aux plantes un goût agréable.

D. Comment et à quelle dose emploie-t-on le sel ?

R. On le répand sur le sol à la volée et on l'enterre à la charrue comme les amendements. La dose est de trois à quatre cents kilogrammes, pour les terres légères, et de six à huit cents kilogrammes, pour les terres humides.

D. Qu'est-ce que la cendre ?

R. C'est le résidu de la combustion des matières organiques, autrement dit, ce qui reste quand on brûle des matières organiques. Son action provient des sels qu'elle contient.

La cendre a aussi la propriété de diviser les terres lourdes et de donner de la consistance aux terres légères.

D. Comment et à quelle dose emploie-t-on les cendres ?

R. On les répand sur le sol, à la volée, par un temps sec. Celles qui ont été lessivées, qu'on appelle charrée, doivent être séchées pour pouvoir être répandues plus également.

La dose est de vingt-cinq à trente hectolitres à l'hectare.

D. Qu'est-ce que la suie, et comment l'emploie-t-on ?

R. C'est une matière noirâtre qui se forme dans les cheminées. On l'emploie comme les cendres. La dose doit être moitié moindre. La suie détruit les insectes et convient surtout pour les prairies naturelles.

D. Qu'appelle-t-on engrais organiques ?

R. Ce sont ceux qui sont composés de matières animales ou végétales. On les divise en engrais végétaux, engrais animaux et engrais mixtes.

D. Quelle est la base principale de la fertilité des engrais organiques ?

R. C'est le gaz azote qui s'y trouve ordinairement combiné avec l'hydrogène. Cette combinaison gazeuse s'appelle gaz ammoniac. Ce gaz s'évapore très-facilement ; mais il est possible de le fixer au moyen de certains procédés très simples, que nous donnerons ci-après. Ce sont les urines qui contiennent le plus d'ammoniac.

D. Qu'appelle-t-on engrais végétaux?

R. Ce sont ceux qui ne contiennent que des substances végétales, comme les fumures vertes, les plantes marines, etc.

D. Qu'appelle-t-on fumures vertes et comment les fait-on?

R. Les fumures vertes se font avec des plantes d'une croissance rapide, feuillues, très-rameuses, dont les graines sont d'un prix peu élevé, qu'on sème dans les terres pour les engraisser. On coupe ces plantes au moment de la floraison et on les enterre par un coup de charrue. On emploie à cet usage le colza, le blé-noir, le trèfle incarnat, etc.

D. Comment explique-t-on l'action des fumures vertes?

R. Jusqu'au moment de la floraison, les plantes tirent de l'air atmosphérique, par leurs feuilles et leurs autres parties vertes, la majeure partie des substances qui alimentent leur végétation; donc, quand on les enterre à cette époque, elles enrichissent le sol de tout ce qu'elles ont puisé dans l'air, tout en lui restituant le peu de principes fertilisants qu'il leur a fournis.

D. Quand emploie-t-on les fumures vertes?

R. Quand on n'a pas assez d'autres engrais ou quand on a des terres sur lesquelles le transport des fumiers serait dispendieux, par suite de leur éloignement ou de la difficulté de leurs abords.

D. Comment emploie-t-on les plantes marines?

R. Ordinairement, on les étend sur le sol, au moment où elles sortent de la mer, et on les enterre comme les fumiers. Dans cet état, elles se décomposent très-vite, et leur action ne se fait sentir que sur une récolte. Quelquefois, on les fait sécher au soleil avant de les employer. Cette dessication rend le transport au loin plus facile, et double au moins la durée de leur action.

D. Comment emploie-t-on les autres végétaux ?

R. On fait sécher les plantes herbacées et les feuilles d'arbres, puis on les met en litière ou en compôts. Le meilleur moyen d'employer les feuilles, serait de les mettre sous les litières pour empêcher les liquides de s'infiltrer dans le sol. Quant aux végétaux ligneux, ajoncs, genêts, bruyère, etc., on les met dans les cours et les chemins, où ils sont triturés par le passage des bestiaux et des charrettes, ce qui leur fait perdre la majeure partie de leurs principes fertilisants, puis on les mêle aux fumiers. Il vaudrait mieux les couper avec le hache-ajonc ou les broyer par quelque moyen peu coûteux, puis les mettre dans les étables, sous les litières, ou par couches dans les fumiers ou les compôts.

D. Qu'appelle-t-on engrais animaux ?

R. Ce sont ceux qui ne contiennent que des matières animales, comme le sang, la chair, les os, les cornes, les crins, les déjections pures, etc. Toutes les matières animales sont d'excellents engrais, mais il en est plusieurs qui, par suite de leur emploi dans les arts, sont d'un prix trop élevé pour qu'on puisse les mettre à servir d'engrais, comme le crin, les cornes, les plumes, etc.

D. Comment emploie-t-on le sang et les chairs ?

R. Dans nos contrées, on n'emploie presque jamais ces matières seules. Le sang est mêlé aux fumiers, et il est rare qu'on cherche à utiliser les chairs. Il est probable que les moyens faciles qu'on a maintenant de désinfecter les matières animales, rendront leur emploi beaucoup plus fréquent. Voici le moyen le plus simple d'employer le sang et les chairs, après les avoir désinfectées, comme il sera dit ci-après. Le sang serait mêlé à trois ou quatre fois son volume de terre, puis répandu sur le sol, le plus également possible. On pourrait aussi l'étendre de cinq à six fois son volume d'eau, et l'employer à arroser les plantes. Les chairs seraient coupées par morceaux et mises par couches dans les fumiers ou en compôts. Quelquefois, on les cuit, puis on les fait sécher et on les réduit en poudre. Ce procédé me semble devoir être coûteux.

D. Comment désinfecte-t-on les matières animales ?

R. Si ce sont des substances solides, on les saupoudre d'une couche de matières carboneuses pulvérisées, ou on les arrose avec une solution de sulfate de sel (couperose verte) ou de sulfate de magnésie, dans laquelle il entre un kilogramme d'un de ces sulfates, pour dix litres d'eau (1). Si les substances sont liquides, on y verse la poudre carboneuse ou la solution, jusqu'à ce qu'on ne sente plus d'odeur, en ayant soin de mêler de manière que la matière désinfectante pénètre dans toute la masse. Les matières désinfectantes ont aussi la propriété d'empêcher l'évaporation de l'ammoniac.

D. La chaux convient-elle aussi pour désinfecter les matières animales ?

R. Non, la chaux ne doit jamais être mise en contact avec les matières animales dont on veut conserver l'ammoniac ; car, au lieu de le fixer, elle facilite son évaporation : c'est donc à tort qu'on l'a employée comme désinfectant.

(1) Le prix de ces substances est donné à l'article des fumiers.

D. Comment emploie-t-on les vidanges de latrines ?

R. Quelquefois on les réduit en poudrette, en les desséchant au soleil ; cette manipulation dégoûtante et insalubre leur fait perdre une grande partie de leurs principes fertilisants. Voici comme on les emploie le plus souvent ; on les met dans des tonneaux montés sur des charrettes et dans le dessous desquels est pratiquée une large bonde, par laquelle on les fait couler sur le sol, par petits tas qu'on recouvre de terre, puis on étend le tout le plus également possible. Avant de les faire couler, on mêle avec un long bâton. Ce procédé est le plus commode ; mais il vaudrait mieux les désinfecter, comme il a été dit, avant de les mettre dans les tonneaux ; par ce moyen, on rendrait leur emploi moins dégoûtant, plus salubre, et on prolongerait de beaucoup la durée de leur action.

D. N'y a-t-il pas d'inconvénient à les employer sans les désinfecter ?

R. Quelques agriculteurs pensent qu'elles ne conviennent, dans cet état, ni pour les betteraves à sucre, ni pour les plantes potagères, ni pour les pommes de terre, parce qu'elles leur communiquent mauvais goût et mauvaise odeur. D'autres nient cet effet. Il serait à désirer qu'il fût fait des essais pour qu'on sache au juste ce qu'il en est.

D. Qu'est-ce que le noir-animal ?

R. Le noir-animal est un composé de charbon d'os et de sang coagulé, ayant servi à la décoloration du sucre, dans les raffineries. Cet engrais est très-bon, quand il est pur ; mais il est souvent fraudé.

D. Y a-t-il quelque moyen simple de reconnaître la fraude ?

R. Voici le moyen le plus simple. On en prend

une pincée qu'on brûle sur une pelle de fer, rougie au feu ; on laisse refroidir les cendres qui doivent être de couleur grise , très-douces au toucher et en très-petite quantité , si l'engrais est pur (1)

Si les cendres sont jaunâtres et rudes au toucher, on peut en conclure que l'engrais est falsifié avec des matières terreuses. Si on y a mêlé de la tourbe , l'odeur qu'il répand en brûlant suffit pour faire reconnaître ce genre de falsification.

Le meilleur moyen de n'être point trompé , c'est de prendre son noir chez des marchands bien connus pour le vendre bon, sauf à le payer un peu plus cher.

D. Quelle dose de noir-animal doit-on employer par hectare ?

R. La dose varie suivant la nature des terres. On emploie, en moyenne, de dix à quinze hectolitres à l'hectare. Cet engrais n'est pas de longue durée , son action ne se fait sentir que sur deux récoltes au plus ; il convient aux plantes d'une croissance rapide.

D. Comment emploie-t-on le noir-animal ?

R. Ordinairement on le répand sur le sol , à la volée, et on l'enterre en même temps que la graine. Dans les cultures en lignes , on se borne quelquefois à en mettre dans les rayons ou dans les trous de plantoir.

D. Qu'appelle-t-on noir animalisé ?

R. Le noir animalisé est un mélange de matières animales carbonisées , mêlées à des matières terreuses aussi carbonisées , quelquefois on vend , sous ce nom , les vidanges désinfectées avec la poudre charbonneuse. Cet engrais s'emploie comme le noir-animal. La dose varie suivant sa richesse en matières animales.

(1) Lorsque le noir est pur , les cendres se dissolvent en totalité dans le vinaigre bouillant.

Il faut se défier de tous ces engrais factices que les spéculateurs mettent dans le commerce, et ne les employer qu'après en avoir fait des essais en petite quantité.

D. Qu'est-ce que le guano ?

R. C'est un composé naturel de débris et de fiente d'oiseaux, qu'on trouve sur quelques îles désertes, situées sur les côtes du Pérou, en Amérique, ou près des côtes d'Afrique. On préfère celui d'Amérique. Cet engrais est très-énergique quand il est pur ; ainsi, il ne faut le mettre en contact avec la racine des jeunes plantes, qu'autant qu'il est mélangé à d'autres substances, ou enterré en même temps que la graine. Cet engrais se décompose rapidement.

D. Comment emploie-t-on le guano ?

R. Quand on le met aux semailles, on l'emploie comme le noir-animal. Quand on le met aux pommes de terre ou aux plantes repiquées, on le mêle à trois ou quatre parties de terreau ou de fumier très-décomposé et une partie de terre ; puis on dépose le mélange, par poignée, sur les tubercules ou dans les trous de plantoir. Quelquefois, on le répand sur les plantes, comme le plâtre. La dose est de cinq cents à mille kilog. par hectare.

D. Qu'appelle-t-on engrais végéto-animaux ou mixtes ?

R. Ce sont les fumiers qui sont composés des déjections des animaux et des végétaux employés en litières. Les fumiers contiennent aussi les matières inorganiques ou minérales qui entrent dans la composition des substances animales et végétales dont ils sont formés. Ils peuvent, par conséquent, fournir aux plantes toutes les substances nécessaires à leur nutrition. Les fumiers sont les engrais par excellence ; il ne faut donc rien perdre de ce qui peut servir à en faire, et il faut apporter à leur conservation tous les soins nécessaires pour qu'ils ne perdent pas leur qualité.

D. Comment classe-t-on les fumiers ?

R. En chauds et froids. Les fumiers chauds sont ceux de cheval, de mouton et les fientes d'oiseaux. Les fumiers froids sont ceux des bêtes à cornes et des porcs. Les premiers conviennent aux terres lourdes, et les seconds aux terres légères.

D. Doit-on employer les fumiers frais ou décomposés ?

R. Il est rare que les besoins de l'assolement permettent de choisir le moment d'employer les engrais. Comme il est certain que les fumiers perdent toujours, en se décomposant, soit par l'évaporation du gaz ammoniac, soit par l'écoulement des liquides, que peu de cultivateurs savent utiliser, une partie de leurs principes fertilisants, il doit être avantageux de les employer frais, quand la nature des terres et celle des plantes auxquelles on les applique le permettent. Les fumiers frais conviennent aux terres lourdes et aux racines ; mais ils ne conviennent pas aux céréales, aux lins et autres plantes sujettes à verser. Les terres légères demandent des fumiers décomposés. Pour les terres de consistance moyenne, il convient qu'ils aient subi un commencement de décomposition. Au reste, en soignant convenablement les fumiers, on peut les conserver, sans trop de perte, suivant les besoins de l'exploitation.

D. Comment faut-il disposer l'emplacement où on veut conserver les fumiers ?

R. On choisit un lieu ni trop sec ni trop humide, autant que possible, à l'ombre et suffisamment éloigné des bâtiments, pour que les vapeurs qui s'en dégagent ne puissent nuire ni aux hommes ni aux

animaux. On donne au terrain une pente suffisante
pour que les liquides puissent s'écouler dans une
rigole pratiquée dans la partie la plus basse, et de
là dans une fosse à purin, où on les conserve pour
les usages dont on parlera ci-après. On garnit la
surface du terrain, ainsi que les parois de la fosse,
d'une couche d'argile bien battue, pour empêcher
l'infiltration des liquides dans le sol. Il faut faire
en sorte que les eaux pluviales coulantes ne passent
pas sur l'emplacement des fumiers.

Quelques agriculteurs préfèrent mettre les fumiers dans des fosses, plus ou moins profondes,
garnies de maçonnerie et pavées. Ces constructions
sont coûteuses.

D. Comment faut-il soigner les fumiers pour les
bien conserver ?

R. Il faut les mettre en tas à mesure qu'ils sortent des écuries et étables, en ayant soin de bien les
étendre et de les tasser bien également, afin que
la fermentation s'établisse uniformément partout.
Aussitôt que la sécheresse se prolonge, il faut
arroser les fumiers avec les liquides contenus dans
la fosse à purin, ou, à leur défaut, avec de l'eau
pure. L'eau de mer serait excellente pour cet usage.

Pour arroser facilement, on se sert d'une pompe et de canaux en planches, de diverses longueurs, supportées par de petits trétaux, ce
qui permet de diriger les liquides sur toutes les
parties du tas. Il est très-important qu'on ne laisse
pas les fumiers moisir ; car, alors, ils s'échauffent
et perdent beaucoup de leur valeur.

Il est aussi très-avantageux de couvrir les fumiers avec des litières ou avec des mottes, ou avec
de la terre végétale, quand on en a à proximité.

Quand on fait des dépôts d'engrais dans les
champs, il faut les soigner de la même manière et
les placer à l'ombre.

D. Comment empêche-t-on l'évaporation de l'ammoniac ?

R. On met dans les liquides destinés à arroser les fumiers du sulfate de fer, ou de la magnésie, ou de l'acide sulfurique. La dose est de trois à quatre kilogrammes de sulfate, ou de deux à trois kilogrammes d'acide, par cinq hectolitres d'eau. Cette quantité de liquide suffit pour arroser dix à douze mètres cubes de fumier. Ces substances se trouvent à bas prix, dans toutes les villes. Le sulfate de fer coûte 40 centimes le kilo. ; le sulfate de magnésie, 70 c., et l'acide sulfurique, 60 c.

On peut aussi obtenir le même résultat en saupoudrant chaque couche de fumier, de trente centimètres d'épaisseur, d'une légère couche de plâtre pulvérisé, cuit ou cru. Le cuit est préférable, car il absorbe mieux les gaz et les liquides.

D. La méthode de préparation des engrais généralement suivie en Bretagne n'est donc pas bonne ?

R. Il est évident que les fumiers qu'on laisse étendus dans les cours, où ils sont desséchés par le soleil et lavés par les pluies, doivent perdre, par l'évaporation des gaz et par l'écoulement des liquides dont on ne tire aucun parti, la majeure partie de leurs principes fertilisants. La méthode de n'appliquer les fumiers qu'au froment et au seigle, force de les garder beaucoup trop longtemps et de ne les employer que trop décomposés.

D. Doit-on préférer les engrais d'une décomposition rapide à ceux d'une décomposition lente ?

R. Il est bon que la décomposition des engrais soit en rapport avec la croissance des plantes ; ainsi, ceux dont l'action est prompte, conviennent aux plantes d'une croissance rapide. Ceux qui se décomposent lentement, conviennent aux plantes d'une végétation lente.

Pour les assolements à longue rotation, ceux qui se décomposent lentement doivent être préférés, parce que leur action se fait sentir pendant plus longtemps; cependant, il faut qu'ils se décomposent assez promptement pour que les plantes ne souffrent pas

D. Quelle dose de fumier doit-on employer ?

R. Il est impossible de rien préciser à cet égard; la dose varie suivant la nature des terres, la qualité des engrais, le genre de plantes auxquelles on les applique, et la durée de la rotation.

Dans des terres de fertilité moyenne, soumises à l'assolement alterne suivant : racines, céréales, trèfle, céréales, on met environ soixante mètres cubes de bon fumier d'étable à l'hectare (ce qui fait à peu près quinze voitures à quatre chevaux par journal de quarante-huit ares). Cette fumure dure par conséquent quatre ans. Si l'assolement est de six ans, on ajoute une demi-fumure la cinquième année; s'il est de huit ans, on met deux fumures.

D. Y a-t-il inconvénient à ne pas enterrer le fumier aussitôt qu'il est étendu sur le sol ?

R. Il vaut mieux, quand on le peut, l'enterrer de suite; cependant, l'inconvénient n'est pas aussi grand que le pensent quelques agriculteurs; car on répand souvent les fumiers sur les plantes, même après qu'elles ont déjà pris un certain développement : c'est ce qu'on appelle fumer en couverture, et ce mode de fumure produit un très-bon effet.

Dans quelques parties de la Bretagne, on fume souvent le lin en couverture, et on obtient de bons résultats.

D. Qu'appelle-t-on purin ?

R. On donne le nom de purin aux engrais liquides qui proviennent de l'écoulement des jus de fumiers ou des urines des animaux, et qu'on recueille dans les fosses dont nous avons parlé.

Les engrais liquides sont très-employés dans les pays de culture avancée. On leur donne le nom de gadoue ou engrais de Flandre. Quand le purin ne contient que des urines, il faut y mettre au moins autant d'eau qu'il y a de purin, avant de les employer ; car, employé pur, il brûlerait les plantes avec lesquelles il serait en contact.

D. Comment emploie-t-on les engrais liquides ?

R. Ces engrais servent ordinairement à arroser les cultures. Quand on les met sur les prairies naturelles ou artificielles, on les porte sur le champ dans des tonneaux, comme les vidanges ; on suspend au-dessous du trou par où ils s'écoulent une planche inclinée, d'environ un mètre de long ; ils se répandent sur toute la longueur de la planche, et on arrose ainsi, à chaque tour, une bande de terre d'une largeur d'un mètre. Lorsqu'on les destine aux céréales ou aux autres plantes, on les porte dans des baquets et on les répand, avec une pelle de bois, tout autour des baquets.

D. Qu'appelle-t-on compôts ?

R. On donne le nom de compôts à des mélanges de terre et de diverses matières disposées par couches, et qu'on soumet à une fermentation plus ou moins longue, suivant leur nature et l'emploi auquel on les destine.

D. Comment fait-on les compôts ?

R. Lorsqu'ils sont destinés à une terre légère, on étend une couche d'argile d'environ vingt centimètres d'épaisseur, et d'une surface proportionnée à la quantité de matières qui doivent entrer dans le compôt. Si le compôt est destiné à une terre lourde, on emploie du sable au lieu d'argile. Sur la couche de terre, on met une couche de matières

res organiques, qu'on saupoudre de chaux , si ce sont des végétaux, ou des matières carboneuses, si ce sont des substances animales ; ou qu'on arrose avec les solutions indiquées, pour empêcher l'évaporation des gaz. On met ensuite une nouvelle couche de terre , un peu moins épaisse , puis une autre couche de matières organiques , et on continue ainsi jusqu'à ce que le tas ait atteint une hauteur suffisante , et on le couvre de terre. On pourrait augmenter beaucoup la richesse des compots végétaux en les arrosant avec des jus de fumiers , dans lesquels on aurait mis des matières animales désinfectées , de la suie , etc. On les emploie comme les autres fumiers. Il faut attendre que la fermentation soit terminée , c'est-à-dire , qu'ils ne soient plus chauds.

D. Qu'appelle-t-on engrais pulvérulents ?

R. On appelle engrais pulvérulents tous les engrais en poudre, comme le guano, le noir-animal , la poudrette , la cendre , la suie , etc.

D. Quand on emploie les engrais inorganiques ou minéraux , peut-on se dispenser d'employer le fumier ou les autres engrais organiques ?

R. Les engrais inorganiques n'étant absorbés qu'en très-petite quantité par les plantes et ne servant qu'au développement de certaines parties de leurs organes , ne remplacent pas les engrais animaux et végétaux, qui sont indispensables à la nutrition des plantes ; par conséquent , les terres qui on été chaulées , marnées, ou qui ont reçu du sable calcaire , doivent être fumées si on veut obtenir de bons résultats (1).

(1) Voici la valeur comparative des engrais : 54,000 kilog. de bon fumier d'étables (54 mètres cubes ou 26 charretées) , dose moyenne , par hectare , peuvent être remplacés par 20 hectog. 2,000 kilog. noir-animal , 25 hecto. 2,500 kilo.

CHAPITRE V.

DES INSTRUMENTS ARATOIRES.

D. Qu'appelle-t-on instruments aratoires ?

R. On appelle instruments aratoires tous les instruments qui servent à l'exécution des travaux d'une exploitation agricole.

D. Comment classe-t-on les instruments aratoires ?

R. En instruments proprement dits , outils et machines.

D.Qu'appelle-t-on instruments proprement dits?

R. On donne particulièrement le nom d'instruments à ceux qui sont mus par la force des animaux.

D. Qu'appelle-t-on outils?

R. On donne le nom d'outils aux objets qui servent à exécuter les travaux faits par la main des hommes.

D. Comment divise-t-on les instruments ?

R. On les divise en instruments de transport , comme charrettes , charriots , tombereaux , dont la forme varie , suivant les diverses localités , et qui sont trop connus pour qu'il soit besoin d'en parler ici , et en instruments de labourage , comme charrues , herses , extirpateurs , rouleaux , houes à cheval , buttoirs , etc.

D. Qu'est-ce que la charrue ?

poudrette , 1,000 kilo. guano , 550 kilo. chair desséchée , 750 kilo. sang coagulé ; 2,000 kilo. os brisés ; 86,000 kilo. boues des villes. Pour employer ces substances avec avantage , il faut que le prix de revient des quantités indiquées soit moindre que celui du fumier, qui dure plus longtemps dans la terre qu'aucune d'elles.

R. C'est l'instrument qui sert à retourner la terre.

La charrue est l'instrument par excellence ; il y en a un grand nombre de variétés. Celle dont on se sert dans nos contrées a plusieurs défauts que la description des fonctions des diverses pièces dont nous nous occuperons ci-après fera connaître suffisamment.

D. Comment classe-t-on les charrues?

R. En deux classes : les charrues à avant-train, et les charrues sans avant-train , qu'on appelle araires , et qui sont connues dans notre pays sous le nom de charrues-Dombasle , du nom du grand agronôme qui les a perfectionnées.

D. Laquelle de ces deux espèces est la meilleure?

R. Les uns préfèrent les avant-train , les autres préfèrent les araires. Quant à nous , depuis long - temps l'expérience nous a démontré que l'araire , qui est facile à manier, qui exige peu de tirage et fonctionne bien sur toutes les terres , est supérieur à la charrue à avant-train , qui exige plus de tira- ge , est plus difficile à manier et coûte beaucoup plus cher (1).

D. Quelles sont les principales pièces des char- rues?

R. Ce sont, pour les araires , le soc , le coutre , le sep , le versoir, l'age , les étançons , les man- cherons , le régulateur , le crochet et la chaîne de tirage. Les charrues à avant-train ont de plus l'a- vant-train qui se compose des roues , de l'essieu , du timon et de la sellette. La sellette est la pièce qui supporte le bout de l'age.

D. Quelles sont les fonctions du soc?

(1) Nous parlons des charrues à avant-train perfection- nées et non des charrues du pays.

R. Il soulève la terre horizontalement, et détache la colée de la couche inférieure du sol.

D. Les socs plats sont-ils meilleurs que les socs ronds, terminés en coin, qu'on emploie dans notre pays ?

R. Si, pour que le labour soit bien fait, le soc doit détacher la colée horizontalement, il est évident que les socs plats doivent être préférés. Les socs ronds n'agissent que comme des coins et ne facilitent point l'action du versoir.

D. Quelles sont les fonctions du coutre ?

R. Le coutre coupe la colée verticalement et la sépare de la terre non labourée.

D. Quelles sont les fonctions du sep ?

R. Le sep est le point d'appui de la charrue ; c'est sur sa partie antérieure qu'est fixé le soc. Sa partie postérieure s'appelle talon. Nos cultivateurs appellent le sep semelle.

D. Quelles sont les fonctions du versoir ?

R. Le versoir, que nos cultivateurs appellent oreille ou oreillon, retourne la colée quand elle a été détachée par le soc et le coutre.

D. Les versoirs en fer ou en fonte valent-ils mieux que les versoirs en bois ?

R. Les versoirs métalliques doivent être préférés; car la terre ne s'y attache pas comme aux versoirs en bois et ils durent davantage.

D. Les versoirs doivent-ils être droits, ou contournés ?

R. Les versoirs doivent être contournés, pour pouvoir se décharger plus promptement de la terre, ce qui diminue beaucoup le tirage.

D. Quelles sont les fonctions de l'age ?

R. L'age, que nos cultivateurs appellent late, sert à lier entre elles les diverses parties de la charrue et à lui transmettre le mouvement. Le

régulateur est placé dans une mortaise qui se trouve dans sa partie antérieure ; le coutre est placé
sur un de ses côtés ; les mancherons sont fixés à sa
partie postérieure, et le crochet de tirage vers le
milieu de sa partie inférieure.

D. Quelles sont les fonctions des mancherons ?

R. Ils servent à diriger la charrue et à changer
momentanément la profondeur du labour et la
largeur de la colée.

D. Comment se font ces changements ?

R. Quand on veut augmenter momentanément
la profondeur du labour, on lève les mancherons ;
quand on veut la diminuer, on pèse sur les mancherons. Quand on veut élargir la colée, on incline
la charrue à droite, en appuyant fortement sur le
mancheron droit ; quand on veut la diminuer, on
incline la charrue à gauche et on appuie sur le
mancheron gauche.

D. A quoi sert le régulateur ?

R. A régler la profondeur du labour et la largeur de la colée.

D. Comment règle-t-on la profondeur du labour
avec le régulateur ?

R. Pour augmenter la profondeur du labour,
on élève le régulateur ; pour la diminuer, on
abaisse le régulateur.

D. Comment change-t-on la largeur de la colée ?

R. Quand on veut élargir la colée, on avance
la maille alongée de la chaîne de tirage vers la
droite ; quand on veut la diminuer, on la porte
vers la gauche.

D. Comment reconnaît-on qu'une charrue est
bien montée ?

R. 1° Si, en plaçant une règle sous le sep, cette
règle, portant sur la pointe du soc et sur le talon,
laisse, à la jonction du sep et du soc, un vide

d'environ deux centimètres ; 2° si, en plaçant la règle le long de la ligne extérieure du sep, la pointe du soc sort d'environ 15 millimètres ; 3° le coutre doit être élevé de 6 à 8 centimètres au-dessus du soc, dont la pointe doit être en avant du coutre de 6 centimètres au moins.

D. Quelles sont donc, d'après ce que nous avons dit, les principales qualités qui constituent une bonne charrue?

R. Une bonne charrue doit, avec le moins de tirage possible, détacher la colée horizontalement et la retourner de manière à ce qu'elle présente, à sa surface, une de ses arêtes. Cette disposition facilite l'action de la herse. La force des pièces d'une charrue doit toujours être proportionnée à la difficulté des labours auxquels elle doit être employée ; ainsi, les charrues légères conviennent aux terres meubles, tandis qu'il faut des charrues très-fortes pour les défrichements.

D. Quel est l'usage des herses?

R. Les herses servent à ameublir et nettoyer les terres, et à couvrir les semences.

D. Qu'entend-on par faire marcher une herse à crocher, ou à décrocher?

R. On dit que les herses à dents courbes marchent à crocher quand le côté concave marche en avant ; elles marchent à décrocher quand c'est la partie convexe qui va en avant. Quand on herse sur des terres nouvellement fumées et qu'on recouvre des graines qui demandent à être peu enterrées, la herse doit marcher à décrocher ; dans tous les autres cas, elle doit marcher à crocher.

D. Quel est l'usage du rouleau ?

R. Le rouleau sert à tasser les terres légères, à comprimer les mottes pour faciliter l'action de la herse, et à unir la surface du terrain, quand on veut se servir du rayonneur pour les cultures en lignes.

D. A quoi sert l'extirpateur ?

R. A ameublir et nettoyer les terres, et quelquefois à couvrir les céréales et les pois, dans les terres fortes.

D. Quel est l'usage du buttoir ?

R. Le buttoir sert à butter les plantes cultivées en lignes, auxquelles cette façon est nécessaire, et à tirer des rigoles d'écoulement.

D. Quel est l'usage du semoir ?

R. le semoir sert à semer les plantes qu'on veut cultiver en lignes. Le petit semoir à brouette est le plus commode.

D. A quoi sert la houe à cheval ?

R. La houe à cheval sert à sarcler et à biner les plantes cultivées en lignes.

D. Quels sont les principaux outils ?

R. Ce sont les bêches, les houes à main (mares, tranches), les sarcloirs, les binettes, les pioches, les faux, les faucilles, les fléaux, les fourches, les râteaux, etc. La forme de tous ces outils varie tellement qu'il n'est pas possible d'en rien dire ici.

D. Quelles sont les principales machines ?

R. Ce sont les hache-paille, hache-racines, machines à battre, ventilateurs, etc.

CHAPITRE VI.

PRÉPARATION DES SOLS, AMÉLIORATIONS FONCIÈRES.

Desséchements.

D. Quelle est la première chose à faire pour dessécher un terrain ?

R. Si sa surface n'est pas plane, il faut, autant

que possible, l'aplanir. Cette opération est souvent très-coûteuse, surtout quand il faut la faire à bras ; on peut en diminuer beaucoup les frais, en employant un niveleur à cheval.

D. Que fait-on ensuite ?

R. Si le terrain présente une pente, on tire des rigoles d'écoulement dans le sens de cette pente, de manière à conduire les eaux au point par lequel on veut les faire s'écouler. Ces rigoles sont découvertes ou couvertes. Les rigoles couvertes sont appelées drainage.

D. Dans quel cas doit-on pratiquer le drainage ?

R. Toutes les fois que les rigoles doivent se trouver placées de manière à gêner les travaux de culture.

D. Comment fait-on le drainage ?

R. On ouvre une tranchée dont la largeur varie suivant le volume d'eau auquel elle doit donner écoulement, et d'une profondeur suffisante pour que toutes les eaux de la partie à dessécher puissent y arriver. Il faut avoir soin de donner à la rigole une pente telle que les eaux n'y restent pas. On remplit ensuite cette rigole de pierres de moyenne grosseur, ou de fascines, de manière à ce que les matériaux soient recouverts d'une couche de terre assez épaisse pour qu'ils ne soient pas atteints par la charrue. On fait maintenant, dans quelques pays, le drainage avec des tuyaux en terre cuite.

D. Que fait-on quand le terrain n'a pas de pente ?

R. Dans ce cas, il faut avoir recours à des travaux d'art, ordinairement très-coûteux, et dont la nature de ce petit livre ne nous permet pas de nous occuper.

On a quelquefois obtenu de bons résultats en creusant autour des champs des fossés profonds, dans lesquels les eaux se rendaient et d'où elles étaient enlevées par l'évaporation. On pourrait aussi employer les puits-perdus ou boit-tout. On creuse ces puits jusqu'à ce qu'on atteigne une couche perméable, à travers laquelle les eaux qu'on conduit dans le puits se perdent.

Clôtures

D. Quel est le but des clôtures ?

R. Les clôtures ont pour but de séparer les propriétés, de diviser les pièces de terre trop grandes, de préserver les récoltes des dévastations occasionnées par les bestiaux, et de donner de l'abri aux terres.

D. Quelles sont les clôtures les plus avantageuses ?

R. Ce sont celles qui, tout en remplissant le mieux possible le but qu'on se propose, occupent le moins de place et coûtent le moins cher. Il faut, par conséquent, faire les clôtures en ligne droite, lorsque cela est possible, et ne pas les multiplier mal à propos. Les champs irréguliers et trop petits augmentent beaucoup les frais de culture. Les clôtures en lignes courbes ou brisées occupent beaucoup plus de place et demandent bien plus de main-d'œuvre que celles qui sont droites.

D. Comment fait-on les clôtures ?

R. Dans nos contrées, les clôtures sont des talus en terre (dits fossés) qu'on plante d'aubépine, d'ajonc, de prunellier, de houx, etc. Quand on a spécialement pour but l'abri, on emploie les arbres résineux, les bouleaux, etc. On les destine aussi souvent à la production du bois de chauffage; alors on y plante du chêne, du saule, des ajoncs, etc.

Défrichements.

D. Qu'appelle-t-on défrichements ?

R. Le défrichement est une série d'opérations ayant pour but la mise en culture d'un sol inculte ou qui n'a pas été cultivé depuis longtemps

D. Quelles sont les considérations auxquelles on doit avoir égard avant d'entreprendre un défrichement en grand ?

R. Il faut examiner attentivement la nature du sol et du sous-sol ; calculer les frais, le plus approximativement possible, afin de s'assurer si on possède le capital nécessaire ; voir si, dans le pays, on pourra se procurer, à un prix raisonnable, les engrais et les bras dont on aura besoin. Le propriétaire qui défriche ne doit pas espérer de profits avant un nombre d'années qui varie suivant les circonstances.

Quant aux fermiers, il est rarement avantageux pour eux de défricher en grand, et même ils ne doivent défricher en petit que quand ils se trouvent dans un des cas ci-après :

D. Dans quel cas peut-on défricher pour augmenter les cultures d'une ferme ?

R. Lorsque les cultures de cette ferme sont déjà perfectionnées ; lorsque les terres cultivées ont déjà atteint un haut degré de fertilité, et qu'on possède un excédant de ressources, en capital, engrais et bras, dont on peut disposer, sans rien changer à la marche de l'exploitation et sans nuire à la culture des autres terres. Il faut toujours avoir soin de proportionner l'étendue du défrichement aux ressources dont on peut disposer.

Quand même un fermier se trouverait dans les conditions que nous venons d'indiquer, il ne doit entreprendre ni défrichement de landes, ni défrichement de bois, si son bail n'a pas au moins dix ans à courir au moment où il commencera l'opération. Il n'en est pas de même des défrichements de pâtures, garennes (jannées), prairies, qui peuvent toujours être avantageux, pourvu qu'on ait trois ou quatre ans de jouissance à courir.

D. Combien y a-t-il de manières de défricher?

R. On défriche à la charrue ou à bras; quelquefois, le défrichement est précédé d'une opération appelée écobuage.

D. Comment défriche-t-on à la charrue?

R. On commence par débarrasser le terrain des grosses pierres et des grands végétaux, qui pourraient mettre obstacle au travail; puis, on donne, avant l'hiver, un profond labour à la charrue et on laisse le sol exposé à l'action de l'air et des gelées (qui ont la propriété de l'ameublir) jusqu'au commencement de Mars. A cette époque, si le sol est bien ressuyé, on roule et on herse et on donne un second coup de charrue, après lequel on roule et on herse de nouveau.

Un mois ou six semaines après le second labour, on en donne un troisième et on continue ainsi jusqu'à ce qu'on ait obtenu le degré d'ameublissement voulu.

Quelquefois on donne les labours en travers les uns des autres.

L'extirpateur peut, dans bien des cas, remplacer avantageusement la herse. Il exige plus de tirage que la herse, mais aussi son action est beaucoup plus énergique.

D. Comment se fait le défrichement à la main?

R. A la pelle, à la pioche, à la houe, suivant la nature du terrain; c'est toujours une opération très-coûteuse et qu'on ne doit jamais faire que sur de très-petites étendues, à moins de circonstances toutes particulières.

D. Qu'appelle-t-on écobuage?

R. L'écobuage est une opération qui consiste à

écroûter la surface gazonnée du sol, puis à la faire sécher et à la brûler pour employer les cendres qui en proviennent à l'amélioration de ce même sol.

D. Comment écobue-t-on ?

R. On enlève le gazon, à une épaisseur de quatre à six centimètres, avec la houe à écobuer dont on se sert dans nos contrées ou avec tout autre instrument ; on laisse les mottes exposées au soleil, en les retournant de temps en temps ; lorsqu'elles sont complètement sèches, on en fait de petits tas au milieu desquels on ménage un vide qu'on remplit de bois sec ou de tout autre combustible (matière qui brûle bien). La partie gazonnée des mottes doit être tournée en dedans. Lorsque les tas sont ainsi préparés, on y met le feu. Quand tout est brûlé, on étend les cendres et on les enterre de suite par un léger coup de charrue. Il faut éteindre le feu au moment où les mottes sont transformées en matière noire et charbonneuse et ne pas laisser les cendres devenir rouges, comme on le fait le plus ordinairement ; car, en cet état, elles perdent leurs principes fertilisants et peuvent même frapper le sol de stérilité pour l'avenir.

D. Quels sont les effets de l'écobuage ?

R. Il détruit les mauvaises herbes et les insectes ; il rend les argiles friables et très-perméables. Les cendres qui en proviennent contiennent quelques sels alcalins, qui activent la végétation et permettent quelquefois d'obtenir une première récolte sans engrais. On abuse trop souvent de cette facilité d'obtenir une récolte sans engrais et on épuise le sol au lieu de l'améliorer. Toutes les fois qu'on veut continuer, avec avantage, la culture d'un défrichement, il faut fumer, même avec l'écobuage.

D. A quelles terres convient l'écobuage ?

R. L'écobuage ne convient qu'aux terres lourdes, humides et froides et aux terrains tourbeux ; il peut être employé, avec avantage, dans les défrichements de prairies très-humides, contenant beaucoup de jonc et autres végétaux aquatiques se décomposant difficilement.

L'écobuage ne doit jamais être pratiqué sur les terres légères ni même sur celles de consistance moyenne ; il est très-nuisible à ces sortes de terres et beaucoup de défricheurs doivent les mauvais résultats qu'ils ont obtenus, à l'abus qu'ils ont fait de l'écobuage.

D. Quelle est la méthode particulière de défrichement des landes employée dans quelques parties du département des Côtes-du-Nord ?

R. Vers la mi-février, on coupe tous les grands végétaux qui couvrent le sol ; puis, pendant les mois de mars et avril, on écroûte le gazon, comme pour écobuer, en laissant les mottes sur place, sans les retourner ; vers le mois de juillet, on les retourne et on les approche les unes des autres de manière à en former des planches d'un mètre à un mètre cinquante de largeur, entre lesquelles on laisse un espace d'environ trente à quarante centimètres. Au mois d'octobre, on y sème du seigle, sur lequel on répand du noir animal ou du guano et on recouvre à la bêche, avec la terre qu'on prend dans les intervalles des planches. Cette méthode est bien meilleure que l'écobuage et on obtient ainsi une première récolte sans trop épuiser le sol.

Si on veut continuer la culture des terrains ainsi défrichés, il faut, aussitôt après l'enlèvement du seigle, donner un labour de déchaumage ; puis, aussitôt qu'il a fait de la pluie, labourer profondément à la charrue et faire succéder au seigle des racines abondamment fumées.

CHAPITRE VII.

DES LABOURS.

D. Qu'appelle-t-on labours ?

R. On appelle labours, toutes les façons qu'on donne à la terre, soit avec les instruments, soit avec les outils.

D. Comment classe-t-on les labours ?

R. En labours et binages.

D. Qu'appelle-t-on labours proprement dits ?

R. Ce sont ceux qui ameublissent le sol à une profondeur d'au moins un décimètre. Les labours se font avec les instruments : charrues, extirpateurs, herses, etc., ou avec la bêche, la pioche, la houe, etc.

D. Qu'appelle-t-on binages ?

R. Les binages sont des façons superficielles qu'on donne aux terres ensemencées pour ameublir la surface du sol et la rendre plus perméable à l'humidité, et pour la destruction des mauvaises herbes. Les binages se font avec les outils : houettes, binettes, sarcloirs, etc., pour les plantes semées à la volée ou en lignes très-peu espacées ; pour les plantes cultivées en rayons suffisamment espacés, comme les carottes, les betteraves, les pommes de terre, les navets et autres racines, on fait les binages à la houe à cheval entre les lignes et on n'emploie les outils que dans les lignes.

Pour que la houe à cheval puisse fonctionner, il faut qu'il y ait au moins soixante-quinze centimètres entre les lignes.

L'emploi de la houe à cheval diminue, de plus des quatre cinquièmes, les frais de sarclage des plantes sarclées.

D. Qu'appelle-t-on planches?

R. Ce sont des bandes de terre plus ou moins larges, séparées par des intervalles ou des rigoles, suivant la nature des terres.

Il est important que les planches soient régulières et bien parallèles et que leur largeur soit la même partout, car l'irrégularité des planches augmente considérablement les frais des labours.

D. Qu'appelle-t-on billons?

R. Ce sont des bandes de terres comme les planches, mais bombées du milieu et séparées par des rigoles plus ou moins profondes, suivant la nature des terres. Le bombement doit être d'autant plus fort, que les terres sont plus humides.

Les billons ne s'emploient que sur les terres humides et leur largeur ne doit jamais être de moins de deux mètres. Ils doivent être réguliers.

D. Qu'appelle-t-on sillons?

R. Ce sont les rigoles qui séparent les billons.

Nos cultivateurs appellent leurs petits billons sillons et les rigoles qui les séparent raies.

D. Dans quel sens doit-on faire les labours?

R. Dans le sens de la pente, lorsqu'elle n'est pas trop rapide ; quand la pente est trop forte, on laboure transversalement, afin de ne pas trop fatiguer les attelages, par suite de l'augmentation de tirage qui résulterait de cette disposition des labours, et pour que les engrais et les terres ne soient pas entraînées par les pluies dans les parties les plus basses du terrain. Si le terrain est plat, ou si la pente est égale dans les deux sens, on laboure dans le sens de la plus grande longueur ; car, moins la charrue tourne souvent, moins il y a de temps perdu.

D. Quelle forme doit-on donner aux labours?

R. Dans les terres humides et froides, on laboure en billons de deux à quatre mètres de largeur. bien bombés du milieu , et on tire , entre ces billons , des rigoles d'écoulements suffisamment profondes pour que les eaux s'écoulent complètement. Ces rigoles se font , soit au buttoir, soit à la bêche.

Si les terres sont de consistance moyenne, la largeur des billons peut être de six à huit mètres et le bombement moins fort ; enfin , dans les terres légères et sèches , on laboure en planches unies.

D. Est-il bon de cultiver en petits billons arrondis , comme on le fait dans certaines parties de nos départements ?

R. Il n'y a qu'un seul cas où ce mode de culture puisse être utile , c'est lorsque la couche arable est trop peu profonde ; en la rassemblant en billons , on en augmente beaucoup la profondeur et on peut alors y cultiver quelques plantes qui n'y réussiraient pas sans ce mode de culture. Hors ce cas , il doit être rejeté de toute culture perfectionnée à cause de ses nombreux inconvénients.

D. Quels sont donc les inconvénients de la culture en petits billons ?

R. Les petits billons font perdre beaucoup de terrain ; ils nuisent au desséchement ; ils ne permettent pas de labourer profondément ; ils laissent une partie du sol sans labour ; ils occasionnent des inégalités dans la végétation ; les plantes y souffrent plus des gelées que sur les planches ou les grands billons ; enfin, ils n'admettent pas l'emploi des instruments perfectionnés.

D. Comment les petits billons font-ils perdre du terrain ?

R. Tout le terrain occupé par les sillons (les raies) est perdu , puisque les plantes ne peuvent y croître, soit parce que leur fond n'est pas labouré , soit parce qu'il y reste trop d'humidité.

Quelques personnes pensent que cette perte de terrain se trouve compensée par le développement de la courbe du billon ; cela serait vrai , si les plantes croissaient perpendiculairement au sol ; mais il n'en est pas ainsi , elles croissent perpendiculairement à l'horizon , et, par conséquent, la courbe du billon ne produira pas plus de tiges que la surface horizontale qui forme sa base.

D. Comment les petits billons nuisent-ils au desséchement ?

R. Si on donne aux sillons assez de profondeur pour que les eaux puissent s'écouler entièrement , le milieu du billon ne conservera plus la quantité d'humidité nécessaire à la végétation ; d'un autre côté , le peu de profondeur des sillons, leur direction irrégulière et le peu de soin qu'on a de les curer, font que les eaux y séjournent et remontent, par l'effet de la capillarité , jusqu'au sommet des billons , où elles deviennent souvent très-nuisibles.

D. Qu'appelle-t-on capillarité du sol ?

R. C'est cette propriété qu'ont les liquides de remonter de l'intérieur du sol à la surface. C'est ce phénomène qui se produit , lorsqu'en mettant certains corps poreux , comme une motte de terre sèche , un morceaux de sucre , en contact avec un liquide par leur partie inférieure , on voit en un instant le liquide monter jusqu'au sommet.

D. Pourquoi les petits billons ne permettent-ils pas les labours profonds ?

R. Parce que , si on laboure trop avant, les billons sont trop élevés et , par conséquent, ne conservent pas assez d'humidité.

D. Comment se fait-il que la culture en petits billons laisse une partie du terrain sans être labourée ?

R. Chaque année on refend les billons et la char-

rue rejette la terre dans les sillons pour former les
nouveaux billons ; par conséquent, elle ne passe
pas dans le fond des sillons et cette partie du terrain ne reçoit pas de labours.

D. Comment la culture en petits billons cause-
t-elle des inégalités dans la végétation ?

R. Parce que l'engrais étant ramassé sur le sommet des billons, les plantes qui croissent sur les
bords et dans le fond des sillons ne peuvent y trouver les sucs nutritifs nécessaires à leur végétation
et y souffrent souvent de l'humidité.

D. Pourquoi les gelées sont-elles plus nuisibles
sur les petits billons que sur les planches ou les
grands billons ?

R. Parce que la neige, qui met les plantes à
l'abri des grands froids, fond plus promptement
sur les petits billons que sur les grands.

D. Pourquoi les petits billons n'admettent-ils
pas l'emploi des instruments perfectionnés ?

R. Il est évident qu'on ne peut faire fonctionner,
sur les petits billons, ni l'extirpateur, ni la herse,
ni le rouleau, ni la houe à cheval, etc.; par conséquent, tous les travaux se font à bras et augmentent beaucoup les frais de culture (1), comme
on le voit dans la note ci-après :

(1) Voici le tableau comparatif des frais de culture pour
l'ensemencement d'un hectare de froment par les deux méthodes. La journée d'homme est estimée 0 fr. 75 c.; celle d'un
enfant, 0 fr. 50 c., et celle d'un cheval, à 1 fr. 50 : ce sont les
prix du pays. On suppose, dans les deux cas, le fumier rendu
et épandu.

PETITS BILLONS.

1er labour (dit, dans le pays, rioler ou faire
les joints), une journée 1/2 à un homme et un
enfant. . . . .   1 fr 85 c.
Six journées de chevaux.   9   »»
Dresser les joints, 6 journée d'hommes. . .   4   50

À reporter. . . . . .   15 fr. 35 c.

D. Est-il nécessaire de laisser autour des champs ces bandes de terre inutiles que nos cultivateurs appellent *ourées* ?

R. Non. Les *ourées* qui sont dans les côtés ne servent à rien , et celles qu'on laisse dans les bouts, pour le tournage , peuvent être remplacées par des planches en travers (des forrières.)

D. Comment laboure-t-on en planches

R. Lorsqu'on veut commencer à labourer un champ en planches , on tire d'abord, au moyen de jalons , des lignes parallèles indiquant le milieu et les bords de chaque planche ; puis, on commence le labour par le milieu. Il faut avoir soin de ne pas donner les deux premiers coups de charrue trop avant, pour ne pas trop bomber le milieu. Pour les autres labours , on commence par les bords de

Report.	15 fr.	35 c.
Pour semer, une journée 1/2 à un homme et un enfant.	1	85
Six journées de chevaux.	9	»»
Pour couvrir, 9 journées d'hommes. . . .	6	75
TOTAL POUR UN HECTARE.	32 fr.	95 c.

PLANCHES ET GRANDS BILLONS.

Labour , 2 journées 1/2 à un homme et un enfant.	3 fr.	15 c.
Dix journées de chevaux.	15	»»
Pour semer, une journée d'enfant et une 1/2 journée d'homme et une journée de cheval. .	2	40
TOTAL POUR UN HECTARE.	20 fr.	55 c.
Différence en faveur de la méthode perfec-tionnée.	12 fr.	40 c.

En faisant dresser les joints et couvrir par des femmes , on pourrait réduire un peu les frais de la culture en petits billons ; mais on suppose la charrue attelée de 4 chevaux dans les deux cas et il est très-rare qu'on en attèle plus de trois sur les araires, qui marchent même souvent avec deux.

La culture en petits billons étant un des principaux obstacles au progrès de l'agriculture dans nos contrées, j'ai tenu à en signaler tous les désavantages.

deux planches , en rejetant les terres dans la rigole , et on prend la moitié de chacune des deux
planches pour en former une nouvelle ; d'où il
résulte qu'à chaque nouveau labour , le milieu de
la nouvelle planche se trouve à la place où était la
rigole au labour précédent.

D. Comment laboure-t-on en grands billons?

R. On indique les bords et les milieux des billons , comme il a été dit pour les planches ; puis ,
on commence toujours les labours par le milieu ,
jusqu'à ce qu'ils soient assez bombés ; lorsqu'on a
atteint le degré d'élévation voulu , au labour suivant on refend les billons , c'est-à-dire qu'on commence le labour par les deux bords , en ayant soin
de ne pas rejeter la terre dans la rigole, et on finit
au milieu. On continue ainsi en commençant alternativement par le milieu et par les bords. Par cette
méthode , on ne change pas les billons de place.

D. Est-il avantageux de faire des labours profonds?

R. Oui , toutes les fois qu'on n'atteint pas le
sous-sol et qu'on peut fumer abondamment. Il y
a des cas où on peut attaquer le sous-sol, comme
nous le verrons ci-après.

D. Quelles-sont les principales qualités d'un bon
labour?

R. La colée doit être soulevée horizontalement ,
être d'une largeur et d'une épaisseur constamment
égales ; être retournée de manière à présenter une
de ses arêtes à la surface. La profondeur doit être
réglée suivant la nature des plantes qu'on veut
cultiver.

D. Qu'appelle-t-on défoncements?

R. Les défoncements sont des labours qui ont
pour but d'attaquer le sous-sol , soit pour le ramener à la surface , soit pour l'ameublir sans le dé-

placer, soit pour augmenter peu à peu la profondeur de la couche arable.

D. Dans quel cas est-il avantageux de ramener le sous-sol à la surface ?

R. Toutes les fois qu'il est de nature à amender le sol.

D. Dans quel cas faut-il ameublir le sous-sol ?

R. Quand il est imperméable et qu'il se trouve sous un sol argileux. Il est très-rare qu'il y ait avantage à attaquer le sous-sol des terres légères, à moins qu'il ne soit argileux.

D. Comment fait-on les défoncements ?

R. Ordinairement, quand on veut ramener le sous-sol à la surface, on laboure avec la charrue, qu'on fait suivre d'un certain nombre de bêcheurs, qui bêchent dans le fond de la raie et ramènent la terre sur la colée. Quelquefois, on fait cette opération avec deux charrues qui se suivent ; la première laboure à une profondeur de huit à dix centimètres et la seconde termine l'opération. (1).

On a fait des charrues doubles pour défoncer ; ces instruments sont fort chers, exigent beaucoup de tirage et remplissent rarement le but qu'on se propose.

Quelquefois, on défonce à bras, avec la bêche, la pioche, etc.; cette manière de défoncer est très-coûteuse et il y a rarement avantage à l'employer, à moins que la main-d'œuvre ne soit à bas prix.

D. Comment défonce-t-on le sous-sol sans le ramener à la surface ?

R. On fait suivre la charrue de bêcheurs ou d'hommes munis de pioches, qui labourent le fond de la raie et l'ameublissent le plus possible.

On a fait pour ce genre de travail des instru-

(1) C'est ce qu'on appelle, dans le pays, le double labour flamand.

ments qu'on a appelés fouilleurs : il y en a qui
fonctionnent très-bien.

D. Qu'appelle-t-on jachère?

R. La jachère est un état de repos plus ou moins
long dans lequel on laisse une terre qui vient de
produire.

On distingue deux espèces de jachères : la jachère annuelle et la jachère pérenne.

D. Qu'est-ce que la jachère annuelle?

R. C'est la jachère qui ne dure qu'une année,
pendant laquelle on donne à la terre plusieurs façons qui ont pour but de la nettoyer, de l'ameublir et de l'aérer : c'est ce que nos cultivateurs
appellent guéret d'été ou guéret blanc.

D. Qu'est-ce que la jachère pérenne ?

R. C'est celle qui dure plusieurs années, pendant lesquelles la terre, abandonnée à elle-même,
se couvre de gazon, qu'on fait paître par les bestiaux, et qu'on défriche au bout d'un certain nombre d'années. Quelquefois on y sème des ajoncs ou
des genêts. C'est ce qu'on appelle dans le pays
laisser en pâture ou en janée.

D. La jachère est-elle nécessaire?

R. La jachère pérenne n'est jamais nécessaire.
Quant à la jachère annuelle, il est des cas où on
ne peut guère s'en passer. Lorsque, par suite de
cultures mal entendues, une terre est devenue
très-sale et très-épuisée, il faut, de toute nécessité,
la soumettre à la jachère. Dans les exploitations
soumises à l'assolement triennal, on est forcé de
recourir à la jachère pour maintenir les terres en
bon état ; mais, comme cet assolement est mauvais
et qu'on peut toujours en suivre un meilleur, il
est fort rare qu'on ne puisse pas se dispenser d'employer ce moyen coûteux d'amélioration.

D. Pourquoi regarde-t-on la jachère comme un
moyen coûteux d'amélioration ?

R. Parce que, si elle est pérenne, elle laisse la terre improductive pendant plusieurs années ; si elle est annuelle, elle nécessite de fréquents labours, qui sont très-coûteux, surtout quand ils sont faits à bras, comme cela a lieu dans notre pays, et elle ne donne pendant cette année aucun produit.

D. Comment doit-on faire la jachère ?

R. Le premier labour doit toujours être donné avant l'hiver, si on veut profiter de l'effet des gelées, qui ont la propriété d'ameublir les terres. Après ce premier labour, on ne herse pas, afin que l'air et la gelée pénètrent plus facilement dans l'intérieur du sol. Vers le mois de mars, on donne un second labour, suivi de roulages et de hersages, et ces labours doivent être répétés, tous les six semaines à deux mois, jusqu'à ce que le sol soit complètement nettoyé et suffisamment ameubli.

D. Qu'appelle-t-on demi-jachère ?

R. Ce sont des façons qu'on donne aux terres pour les préparer à recevoir une culture de printemps. Dans ce cas, les labours doivent être exécutés comme pour la jachère. On appelle ordinairement la demi-jachère, labour préparatoire.

D. Qu'appelle-t-on déchaumage ?

R. C'est un labour léger, à l'extirpateur ou à la herse, qu'on donne aussitôt après l'enlèvement des céréales, dans lesquelles il n'y avait pas de trèfle, afin d'enterrer les mauvaises graines, qui sont tombées sur le sol pendant la récolte, à une profondeur telle qu'elles puissent germer, pousser et être détruites par le labour suivant.

D. Pourquoi ne pas enterrer ces graines par un coup de charrue ?

R. Si on labourait à la charrue, les graines, se trouvant enterrées trop avant, ne germeraient pas ; mais, comme elles conservent pendant très-longtemps leur faculté germinative dans la terre, elles pousseraient lorsque, par les labours suivants, elles seraient ramenées à une profondeur suffisante et viendraient salir les cultures.

Le déchaumage, ainsi pratiqué, est un puissant moyen de nettoyer les terres de toutes les mauvaises herbes qui viennent de graines.

D. Comment les gelées ameublissent-elles les terres ?

R. L'eau contenue dans les mottes augmentant de volume en se gelant. dilate les mottes en écartant leurs parties constituantes, qui se séparent aussitôt que le dégèle se fait sentir.

CHAPITRE VIII.

NOTIONS ÉLÉMENTAIRES SUR LES VÉGÉTAUX.

Fonctions des Organes principaux, Classification.

D. Qu'est-ce que la botanique ?

R. La botanique est une partie de l'histoire naturelle, qui traite des végétaux.

D. Qu'appelle-t-on végétaux ?

R. Les végétaux sont des êtres organisés qui vivent, croissent et se reproduisent ; ils sont doués de l'irritabilité organique, mais ils n'ont ni sensibilité, ni mouvement spontané ; abandonnés à eux-mêmes, ils meurent sur la place où ils sont nés.

Toutes les plantes sont des végétaux.

D. Comment classe-t-on les organes des végétaux ?

R. En organes de nutrition ou de conservation, et en organes de reproduction.

D. Quels sont les organes de nutrition ?

R. Ce sont les racines, les tiges et les feuilles.

D.

D. Qu'est-ce que les racines ?

R. Ce sont les parties qui occupent l'extrémité inférieure des plantes et croissent dans la terre.

D. Quelles sont les fonctions des racines ?

R. Les racines puisent dans la terre une partie des sucs nutritifs provenant de la décomposition des engrais et servant à alimenter la végétation. L'absorption de ces nutritifs se fait par la partie la plus déliée des racines, qu'on appelle chevelue, et à laquelle nos cultivateurs ont donné le nom de *manne*.

D. Comment classe-t-on les racines ?

R. En cinq classes principales : les racines pivotantes, les racines traçantes, les racines bulbeuses, les racines tuberculeuses et les racines fibreuses.

D. Qu'appelle-t-on racines pivotantes, traçantes, bulbeuses, tuberculeuses, et fibreuses.

R. Les racines pivotantes sont celles qui s'enfoncent perpendiculairement dans le sol, comme les carottes, les panais, etc.; les racines traçantes sont celles qui s'étendent horizontalement et à une petite profondeur, comme celles de l'avoine, etc.; les racines bulbeuses sont celles qui sont composées d'écailles, comme les oignons; les racines tuberculeuses sont celles qui portent des tubercules, comme les pommes de terre ; les racines fibreuses son celles qui sont composées de fils longs et filamenteux, comme celles des arbres.

D. Qu'appelle-t-on tige ?

R. C'est cette partie des végétaux qui croît hors de terre et cherche toujours l'air et la lumière.

D. Quelles sont les principales parties de la tige ?

R. Ce sont : l'écorce, la matière ligneuse, certains vaisseaux longitudinaux, servant à la circulation de la sève, et la moelle. Dans les plantes herbacées, la matière ligneuse est remplacée par une substance molle qui remplit les mêmes fonctions.

D. Qu'est-ce que l'écorce ?

R. C'est une substance membraneuse qui enveloppe extérieurement toutes les parties de la plante. L'écorce est composée de deux parties, l'épiderme et le liber.

D. Qu'est-ce que l'épiderme ?

R. C'est la partie extérieure de l'écorce.

D. Qu'est-ce que le liber ?

R. C'est la partie intérieure de l'écorce ; c'est ce qu'on appelle la seconde écorce. C'est dans le liber que sont contenus les vaisseaux qui servent à la circulation de la sève.

Dans les plantes ligneuses, chaque année il suinte entre le liber et l'aubier un liquide qu'on appelle *cambium*, qui donne naissance à une nouvelle couche de liber. La couche de liber de l'année précédente se transforme en aubier, puis en substance ligneuse. Quelques botanistes pensent que le liber ne se change pas en aubier, mais en écorce, et que le cambium produit tout à la fois une couche de liber et une couche d'aubier.

C'est par le liber que se fait la jonction de la greffe au sujet.

D. Qu'est-ce que la matière ligneuse ?

R. C'est une substance compacte, composée de couches superposées, dont la consistance va en augmentant de l'extérieur à l'intérieur.

D. Qu'est-ce que l'aubier ?

R. C'est une substance de même nature que la précédente et dont elle ne diffère que par le moins de consistance de son tissu.

D. Qu'est-ce que la moëlle ?

R. C'est une substance molle et spongieuse qui

occupe le centre de la tige, qui se durcit avec l'âge et se transforme en matière ligneuse dans un grand nombre de plantes.

D. Quelles sont les fonctions de la tige?

R. La tige sert de support aux branches, aux rameaux, aux feuilles, aux fleurs, aux fruits, etc., et renferme les vaisseaux dans lesquels circule la sève.

D. Qu'est-ce que la sève?

R. C'est un liquide formé par la décomposition des sucs nutritifs, absorbés par les organes de nutrition. La sève circule dans toutes les parties de la plante, pour y porter la vie; c'est le sang des végétaux.

Quelques botanistes admettent deux espèces de sève, la sève ascendante (montante), qui développe les bourgeons, et la sève descendante, qui développe les racines.

D. Qu'est-ce que les feuilles?

R. Les feuilles sont regardées, par les botanistes, comme des prolongements de l'écorce, et par conséquent comme formées de substances de même nature. Les feuilles sont de couleur verte, plus ou moins foncées, leur face supérieure est ordinairement lisse, quelquefois inégale et garnie de poils : la face inférieure est toujours inégale et garnie de poils, plus ou moins apparents. Les feuilles sont percées d'un nombre considérable de pores, surtout à la face inférieure. Ces pores ne sont pas visibles à l'œil nu.

D. Quelles sont les fonctions des feuilles?

R. Les feuilles ont deux fonctions principales, l'inspiration ou inhalation et l'exhalation.

D. Qu'est-ce que l'inspiration ou inhalation?

R. C'est l'acte par lequel les feuilles absorbent, par les pores de leur face inférieure, les gaz qui s'élèvent de la terre et ceux qui sont contenus dans l'atmosphère et les transmettent à l'intérieur de la plante. Sous l'influence de la lumière, les feuilles et les autres parties vertes des végétaux décomposent l'acide carbonique ; elles absorbent le carbone et rejettent l'oxygène. Cette décomposition n'a lieu que pendant le jour ; après le coucher du soleil, les plantes laissent dégager l'acide carbonique : c'est pour cela qu'il est dangereux de coucher dans un appartement où il y a beaucoup de végétaux.

D. Qu'est-ce que l'exhalation ?

R. C'est l'acte par lequel les plantes laissent dégager, par les pores de la face supérieure de leurs feuilles, les gaz et les sucs qui n'ont pas été absorbés pour servir à leur alimentation.

D. Quels sont les organes de reproduction

R. Ce sont les fleurs et les fruits.

D. Quelles sont les principales parties des fleurs ?

R. Ce sont le calice, la corolle, les étamines et les pistils.

D. Qu'est-ce que le calice ?

R. C'est l'enveloppe, ordinairement verdâtre, qui recouvre la fleur avant son épanouissement.

D. Qu'est-ce que la corolle ?

R. C'est la partie colorée, presque toujours odorante, qui enveloppe les organes de la fécondation. Les diverses pièces de la corolle s'appellent pétales. Les corolles d'une seule pièce s'appellent monopétales ; celles qui sont composées de plusieurs pièces, s'appellent polypétales.

D. Qu'est-ce que les étamines ?

R. Ce sont les organes mâles des plantes. Les étamines sont composés de filaments placés au milieu de la fleur et terminés par un espèce de bouton appelé anthère. L'anthère est recouvert d'une poussière dont la couleur varie suivant les espèces de plantes. Cette poussière est appelée pollen. C'est le pollen qui, en se répandant sur les pistils, produit la fécondation.

D. Qu'appelle-t-on pistils?

R. Les pistils sont aussi des filaments qui se trouvent au milieu des fleurs ; ils diffèrent des étamines, en ce qu'ils n'ont point d'anthères. Leur partie supérieure, en forme d'entonnoir, s'appelle stigmate. Leur partie inférieure, qui est renflée, s'appelle ovaire. Le filament a reçu le nom de style. Les pistils sont les organes femelles des plantes.

D. Toutes les fleurs portent-elles des étamines et des pistils ?

R. Il y a des plantes dont les fleurs portent, les unes les étamines, et les autres les pistils ; comme, le melon, le concombre, etc. Il y en a d'autres dont les fleurs portent les étamines (les fleurs mâles), sont placées sur des individus différents de ceux qui portent les pistils (les fleurs femelles), comme le chanvre ; ces plantes sont connues sous le nom de dioïques.

D. Toutes les plantes fleurissent-elles ?

R. Il y a des plantes, comme les mousses, les champignons, etc., qui n'ont aucun organe de reproduction apparente ; il en est même qui n'ont aucun organe extérieur, comme les truffes (1).

D. Qu'est-ce que le fruit ?

R. Le fruit n'est autre chose que l'ovaire fécondé, qui acquiert plus ou moins de développement entre le moment de la fécondation et celui de la maturité. Le fruit est composé de deux parties, le péricarpe ou enveloppe extérieure de la graine proprement dite.

(1) On appelle ces plantes *cryptogames*, ce qui signifie que le mode de reproduction est caché. Celles dont la reproduction est connue, s'appellent *phanérogames*.

D. Comment les plantes se reproduisent-elles ?

R. Par graines , par marcottes , par boutures , par drageons , par plants enracinés et par greffe.

D. Comment se fait la reproduction par graines?

R. La graine étant mise dans la terre , à une profondeur convenable , l'humidité la pénètre , la chaleur y détermine la fermentation , l'air qu'elle contient se dilate et rompt son enveloppe, la radicule et la plumule se développent, la première s'enfonce dans la terre et produit la racine , la seconde sort de terre et donne naissance à la tige. Comme la radicule et la plumule sont trop faibles pour fournir à la plante les sucs nutritifs dont elle a besoin, il naît presque toujours, en même temps qu'elles, une ou deux feuilles séminales , appelées cotylédons , qui nourrissent la plante jusqu'à ce que les racines et les feuilles puissent remplir les fonctions que la nature leur a attribuées (1). Il y a des plantes qui n'ont point de cotylédons. Ce sont ces divers phénomènes et quelques autres encore inconnus qui constituent la germination , dont l'air , l'humidité , la chaleur et l'électricité sont les principaux agents.

D. Comment se font les boutures ?

R. On coupe une branche et on la plante en terre ; au bout d'un certain temps , il s'y produit des racines et la bouture devient une plante. Il y a beaucoup de plantes qui ne se reproduisent pas par boutures.

D. Qu'appelle-t-on drageons et plants enracinés ?

R. Ce sont des parties qu'on détache du pied

____

(1) Il y a des plantes qui n'ont point de cotylédons. On les appelle *acotylédones.* Celles qui en ont un , sont appellées *monocotylédones.* Celles qui en ont deux , sont dites *dicoty-lédones.*

des plantes pour les transplanter. Les plants enracinés ont plus ou moins de racines ; les drageons n'en ont pas. Toutes les plantes ne peuvent pas non plus se reproduire de cette manière ; il en est de même de la marcotte et de la greffe.

D. Qu'est-ce que la marcotte ?

R. C'est une branche qu'on couche dans la terre sans la séparer de la plante, et qui pousse des racines. Quand ces racines sont suffisamment développées, on coupe la branche pour la transplanter ailleurs.

D. Qu'est-ce que la greffe ?

R. C'est une bouture qui, au lieu d'être mise dans la terre, est placée sur une autre plante, aux dépens de laquelle elle vit.

Pour que les plantes puissent être greffées les unes sur les autres, il faut qu'elles soient de même famille et souvent de même genre.

D. Comment les botanistes classent-ils les plantes pour les étudier ?

R. Ils les divisent en classes, ordres, ou familles ; genres, espèces, variétés, etc. Ces divisions sont basées sur les rapports que certaines plantes ont les unes avec les autres, soit par leurs fleurs, soit par leurs feuilles, etc.

D. Comment classe-t-on les végétaux, par rapport à leur durée ?

R. Ceux qui ne durent qu'une année, sont dits annuels ; ceux qui durent deux ans, bisannuels. Ceux qui durent plus de deux ans, sont appelés vivaces.

D. Comment classe-t-on les végétaux, par rapport à leur taille et à leur consistance ?

R. En arbres, arbrisseaux, sous-arbrisseaux ou arbustes, et herbes ou plantes herbacées.

D. Qu'appelle-t-on arbres ?

R. Les arbres sont des végétaux ligneux dans toutes leurs parties, qui s'élèvent à une grande hauteur, durent un grand nombre d'années et qui produisent leurs boutons à feuilles et à fruits avant l'hiver, comme les ormes, les chênes, les peupliers, les pommiers, etc.

D. Qu'appelle-t-on arbrisseaux ?

R. Ce sont des végétaux qui sont aussi ligneux dans toutes leurs parties, et qui produisent leurs boutons avant l'hiver ; ils diffèrent des autres par leur élévation et leur durée, qui sont beaucoup moindres que celles des arbres. Le lilas est un arbrisseau.

D. Qu'appelle-t-on arbustes?

R. Les arbustes sont des végétaux ligneux dans toutes leurs parties ; ils sont plus petits et durent moins longtemps que les arbrisseaux, et ne produisent leurs boutons qu'au printemps, comme le groseiller, la bruyère, etc.

D. Qu'appelle-t-on plantes herbacées?

R. Ce sont des plantes molles, tendres, à fibres peu serrées, dont les tiges périssent ordinairement en hiver, soit que la racine soit annuelle, soit qu'elle soit vivace.

D. Comment classe-t-on les plantes suivant les milieux où elles vivent?

R. On appelle terrestres celles qui croissent sur la terre ; aquatiques celles qui croissent dans les eaux. Les plantes aquatiques de la mer s'appellent plantes marines. On appelle plantes parasites celles qui ont leurs racines implantées sur d'autres plantes, aux dépens desquelles elles vivent, comme le gui, certaines mousses, etc.

On donne le nom de plantes grimpantes à celles qui s'attachent aux supports qui se trouvent à leur portée, comme le lierre, etc. On appelle vrilles les filaments qui attachent ces plantes aux supports.

D. Comment classe-t-on les plantes en agriculture ?

R. En plantes agricoles proprement dites, et plantes industrielles ou commerciales. Les plantes agricoles sont les céréales, les plantes potagères et les plantes fourragères. Les plantes commerciales sont les plantes oléagineuses, textiles, tinctoriales, médicinales, etc.

D. Qu'appelle-t-on céréales ?

R. On comprend sous le nom de céréales toutes les graminées à graine farineuse, comme le froment, l'orge, le seigle, l'avoine, le maïs, le millet, etc. ; on compte aussi parmi les céréales le blé-noir, qui n'est pas de la famille des graminées.

D. Qu'appelle-t-on plantes fourragères ?

R. On appelle plantes fourragères toutes les plantes destinées à la nourriture des bestiaux.

D. Comment classe-t-on les plantes fourragères ?

R. En racines fourragères, prairies artificielles, prairies naturelles et pâturages.

D. Qu'appelle-t-on racines fourragères ?

R. Ce sont celles qui sont spécialement cultivées pour la nourriture des bestiaux, comme les carottes blanches, les betteraves, les navets, etc.

D. Qu'appelle-t-on prairies artificielles ?

R. Ce sont des terrains qui produisent des végétaux cultivés, destinés à être consommés en vert ou convertis en foin, comme le trèfle, la luzerne, le ray-gras, etc. On cultive souvent certaines céréales comme prairies artificielles.

D. Qu'appelle-t-on prairies naturelles ou permanentes ?

R. Ce sont des terrains qui produisent presque

sans culture et pendant plusieurs années des végétaux , qui sont le plus ordinairement convertis en
foin.

D. Qu'appelle-t-on pâturages ?

R. Ce sont des terrains qui produisent ordinairement sans culture des végétaux destinés à être
consommés sur place par les bestiaux. Dans nos
contrées , les pâturages sont ordinairement très-
mauvais , parce que. pour les établir , nos cultivateurs se bornent à laisser la terre sans culture ;
il y croît une grande quantité de plantes inutiles
ou nuisibles qui empêchent les bonnes herbes de
se développer ; si , au lieu de cela , ils avaient soin
d'y semer des graines de bonnes plantes , suivant
la nature du terrain , ils en tireraient bien plus de
nourriture.

D. Qu'appelle-t-on plantes potagères ?

R. On appelle plantes potagères des plantes cultivées pour la nourriture des hommes. Ces plantes
sont le plus ordinairement du ressort de l'horticulture. Quelquefois, on appelle la culture des
plantes potagères culture maraichère.

D. Qu'appelle-t-on plantes oléagineuses ?

R. Ce sont celles dont les graines ou les fruits
servent à faire de l'huile, comme le colza, la navette, le pavot, etc.

D. Qu'appelle-t-on plantes textiles ?

R. Ce sont celles qui produisent de la filasse ,
comme le lin , le chanvre. Les graines de ces deux
plantes sont oléagineuses.

D. Qu'appelle-t-on plantes médicinales ?

R. Ce sont celles qui sont employées en médecine. On ne les cultive que dans les jardins.

D. Qu'appelle-t-on plantes tinctoriales ?

R. Ce sont celles qui sont employées pour la
teinture , comme : la garance , le pastel, la gau-

de , etc. Ces plantes ne sont pas cultivées en Bretagne.

CHAPITRE IX.

DES ASSOLEMENTS.

D. Qu'appelle-t-on assolement ?

R. C'est le classement méthodique des cultures d'une exploitation agricole , qu'on fait succéder les unes aux autres , pendant un certain nombre d'années , à la fin desquelles on recommence la rotation.

D. Qu'est-ce que la rotation ?

R. C'est l'ordre dans lequel sont classées les cultures.

D. Quels sont les principes sur lesquels est fondé l'art des assolements ?

R. 1° Certains végétaux ne peuvent se succéder avec avantage dans le même terrain ; 2° il y a des plantes qui épuisent plus le sol les unes que les autres ; 3° enfin , il y a des plantes qui salissent plus le sol les unes que les autres.

D. Quelles sont les plantes qu'on ne doit pas cultiver les unes après les autres ?

R. Ce sont celles de même famille , surtout celles de même genre et de même espèce ; ainsi , en bonne culture , il ne faut pas cultiver une céréale après une céréale , encore moins un froment après un froment. On ne doit pas cultiver , non plus , des choux ou des navets après du colza. Les plantes de même famille doivent être séparées les unes des autres par au moins une récolte ; il en est même beaucoup qui ne peuvent revenir sur le même terrain qu'après plusieurs années. Souvent , en pratique, on ne suit pas ce principe; mais, malgré les résultats passables qu'on obtient quelquefois, on a tort de s'en écarter; car il en résulte toujours des inconvénients, comme nous le prouverons en parlant des assolements du pays.

D. Pourquoi les plantes de même famille ne doivent-elles pas se succéder les unes aux autres?

R. Il n'est guère possible de donner une réponse positive à cette question. Voici quelles sont à cet égard les opinions des agronomes : les uns pensent que les végétaux de familles différentes puisent dans le sol des sucs nutritifs différents, et que, par conséquent, lorsqu'un végétal succède à un végétal de même famille, il ne trouve plus dans le sol les sucs nutritifs qui lui conviennent.

D'autres pensent que les végétaux à racines traçantes et ceux à racines pivotantes épuisent le sol à des profondeurs différentes; d'où il résulte que, si les plantes qui vont chercher les sucs nutritifs à la même profondeur se succèdent les unes aux autres, elles se nuisent mutuellement. Cette seconde raison nous semble de peu de valeur, car les labours mêlent sans cesse les diverses couches du sol.

Enfin, d'autres pensent que les végétaux laissent dans le sol certaines déjections, certaines matières excrémentielles qui sont nuisibles aux plantes de même famille qu'eux, et qui n'ont aucune action fâcheuse sur les autres plantes.

D. Qu'est-ce que l'effritement?

R. On appelle effritement l'état d'infertilité d'un sol, par rapport à la production de certains végétaux, tandis qu'il reste fertile pour certains autres. C'est le fait dont nous avons cherché l'explication dans la réponse précédente; c'est ce que nos cultivateurs appellent lassitude. L'effritement diffère de l'épuisement, en ce qu'il ne rend le sol impro-

ductif que pour les végétaux de même famille que
ceux qui y ont été précédemment cultivés , tandis
que l'épuisement rend le sol improductif pour
toute espèce de plantes.

D. Quel est l'intervalle de temps nécessaire entre deux cultures des plantes les plus généralement
cultivées dans nos contrées?

R. Les céréales , les racines fourragères , la plupart des plantes potagères , peuvent revenir sur le
même terrain tous les deux ans ; les trèfles , les
vesces , les pois, les haricots, tous les quatre à six
ans ; le lin , le colza, tous les cinq ans. Le chanvre
peut être cultivé indéfiniment sur le même sol ,
sans inconvénient, tous les ans ; il en est de même
des pommes de terre.

Plus l'intervalle nécessaire avant le retour d'une
plantes sur le même sol est long , plus cette plante
est effritante.

D. Quelles sont les plantes qui épuisent le plus
la terre ?

R. Ce sont les céréales , le colza , le lin , et généralement toutes celles qu'on laisse porter graines.

D. Pourquoi les plantes qui portent graines
épuisent-elles plus le sol que les autres plantes ?

R. Jusqu'au moment de la floraison , les plantes tirent de l'air une grande partie des sucs nutritifs dont elles ont besoin pour leur nutrition.
Après la floraison , les feuilles tombent et les racines restent seules chargées de pourvoir à la nutrition de la plante (au moyen des sucs qu'elles puisent dans le sol) pendant la fructification.

D. Quelles sont les plantes qui épuisent le moins
le sol ?

R. Ce sont les trèfles , les vesces et toutes les
plantes récoltées avant le commencement de la

fructification. Ces plantes épuisent peu, parce que l'air fournit la majeure partie des principes nutritifs qui alimentent leur végétation.

D. Pourquoi les plantes laissent-elles le sol plus sale les unes que les autres?

R. Les plantes favorisent plus ou moins le développement des mauvaises herbes, suivant la manière dont elles sont cultivées et suivant leur mode de végétation; ainsi, les céréales semées à la volée facilitent le développement des mauvaises herbes, parce qu'on ne peut les sarcler que très-imparfaitement; au contraire, les racines cultivées en ligne laissent toujours après elles un sol bien net, parce qu'on peut facilement les sarcler. Le trèfle, la luzerne, etc., par leur végétation très-serrée, étouffent les mauvaises herbes.

D. Quel but doit-on se proposer en choisissant un assolement?

R. De tirer du sol le plus de bénéfice possible, sans l'épuiser et en le maintenant toujours dans un état de propreté et d'ameublissement convenable.

D. Quelles sont les considérations qui doivent le plus influer sur le choix d'un assolement?

R. Ce sont: la nature du terrain, le capital dont on peut disposer, la position de l'exploitation, par rapport à son éloignement ou à sa proximité des villes, l'état des routes, le plus ou moins de facilité de se procurer les travailleurs dont on aura besoin, le prix de la main-d'œuvre; enfin, les débouchés qu'on pourra avoir pour la vente des produits, et la durée du bail, si on est fermier.

D. Quelles sont les principales conditions d'un bon assolement?

R. Un bon assolement doit être établi de manière que jamais deux plantes de même famille ne s'y

succèdent ; que les cultures fumées et sarclées **y**
reviennent assez souvent pour maintenir le sol dans
un état de richesse , de propreté et d'ameublissement convenable. Les plantes fourragères doivent
y entrer en quantité suffisante pour qu'on puisse
y nourrir abondamment le nombre de bestiaux
nécessaire à la production de l'engrais. La rotation
doit être calculée de manière qu'entre la récolte
d'une plante et l'ensemencement d'une autre, on
puisse donner à la terre les façons nécessaires , et
remplacer facilement les récoltes qui manqueraient.
Il faut aussi faire en sorte que le travail soit , autant que possible, réparti également sur toutes les
parties de l'année, afin qu'il y ait le moins possible
de chômage.

D. Quelle est , relativement à l'étendue de la
ferme , la quantité de terre qui doit être mise
sous plantes fourragères , lorsque la totalité de
l'engrais doit être produite sur la ferme ?

R. Si les terres sont de fertilité moyenne, il faut
que la moitié du terrain , y compris les prairies
permanentes , soit en fourrages ; si elles ont acquis un haut degré de fertilité , les deux cinquièmes suffisent ; si elles sont peu fertiles , il faut en
consacrer les deux tiers, ou même les trois quarts
à la culture des fourrages , sauf à en diminuer l'é-
tendue à mesure que l'amélioration se fera.

D. Donnez-nous quelques exemples d'assolement
alterne.

R. En voici quelques-uns :

Assolement de quatre ans.

Première année : Culture fumée et sarclée, comme , racines , colza , pois , fèves , etc. (Toutes ces
cultures doivent être en lignes.)

Deuxième année : Céréale, avec prairie artificielle.

Troisième année : Prairie artificielle.

Quatrième année : Céréale, sans fumure, si on
n'a pas récolté de graine de trèfle ; si on a récolté de la graine, on donne une demi-fumure.
Après cette céréale, on déchaume.

Assolement de cinq ans.

Les deux premières années comme dans l'assolement de quatre ans.

Troisième année : Prairie artificielle, la dernière
coupe enfouie.

Quatrième année : Céréale, avec demi-fumure.

Cinquième année : Colza, lin, pois ou fèves,
sans engrais.

Assolement de six ans.

Première année : Culture fumée et sarclée.

Deuxième année : Céréale, puis déchaumage.

Troisième année : Culture fumée et sarclée.

Quatrième année : Céréale avec prairie artificielle.

Cinquième année : Prairie artificielle, la dernière coupe enfouie.

Sixième année : Céréale, puis déchaumage.

Quand on cultive le blé-noir dans l'assolement
alterne, il doit entrer dans les cultures fumées et
sarclées.

Assolement avec Pâturages.

Première année : Culture fumée et sarclée.

Deuxième année : Céréale, avec prairie artificielle, composée de graminées vivaces et de quelques légumineuses, suivant la nature du terrain.

Troisième année : Prairie artificielle fauchée.

Quatrième et cinquième années : Prairie artificielle pâturée.

Sixième année : Avoine, avec pâturage, recouverte à la bêche comme il sera dit à l'article de la culture des céréales.

Dans un grand nombre de cas, on adopte des rotations plus longues. Les assolements que nous donnons ici ne sont que des exemples qui peuvent subir toutes les modifications que nécessite la position dans laquelle se trouve le cultivateur ; c'est à lui à choisir la combinaison qui convient le mieux à son exploitation, en ayant soin d'observer les principes indiqués, comme condition essentielle d'un bon assolement.

Les assolements à longue rotation ne conviennent qu'aux propriétaires ou aux fermiers ayant de longs baux.

D. Qu'appelle-t-on assolements alternes ?

R. Les assolements alternes sont ceux qui, comme les modes que nous venons d'indiquer, sont combinés de manière que les plantes de natures différentes et de cultures différentes se succèdent alternativement.

D. Qu'appelle-t-on récoltes dérobées ?

R. Ce sont des secondes récoltes qu'on obtient dans la même année, sur le même terrain, comme les navets, après le lin ; les betteraves ou le blé-noir, après le trèfle incarnat. Il ne faut demander de récoltes dérobées qu'aux terres riches et bien nettes. On abuse trop souvent des récoltes dérobées.

D. Quel assolement suit-on dans nos contrées ?

R. Plusieurs de nos cultivateurs n'ont point d'assolement régulier ; cependant, on suit généralement dans le pays un des assolements triennaux ci-après :

Première année : Blé-noir, avec noir-animal, cendre ou fumier.

Deuxième année : Froment ou seigle fumé.
Troisième année : Avoine.
Ou bien :
Première année : Jachère (guéret d été).
Deuxième année : Froment fumé.
Troisième année : Avoine ou blé-noir.

Les pommes de terre et le trèfle sont cultivés en dehors de l'assolement ; il en est de même du lin et du chanvre, qui sont les seules cultures industrielles qu'on fasse dans ce pays. La culture des racines fourragères ne s'y fait encore qu'en petite quantité.

Sur nos côtes, on suit un assolement plus riche et un peu plus varié. La culture des plantes fourragères y fait de notables progrès, et même dans quelques cantons on y cultive le colza avec avantage.

D. Quels sont les défauts de ces assolements ?

R. Ces assolements, qui sont exclusivement basés sur les céréales, plantes très-épuisantes et très-salissantes, exigent beaucoup d'engrais et ne produisent pas de fourrage, ce qui force le cultivateur à laisser une partie de ses terres en pâtures, afin de pouvoir nourrir ses bestiaux. L'avoine, qui y succède à une autre céréale, salit beaucoup les terres et ne donne qu'un produit très-inférieur à celui qu'elle donnerait, si elle venait après une récolte fumée et sarclée, ou après un trèfle. Les céréales ne permettent ni les sarclages parfaits, ni les binages, laissent les terres dans un état de saleté et d'épuisement tel, qu'il faut avoir recours à la jachère pour les remettre en bon état. Enfin, les assolements qui ne produisent que des grains, laissent trop peu de latitude aux spéculations et mettent le cultivateur dans la gêne, lorsque les céréales manquent ou deviennent à trop bas prix.

Pour ménager un peu de pâture aux bestiaux
pendant l'hiver, on ne fait les guérets qu'au
printemps, ce qui les prive de l'influence bienfaisante des gelées, augmente beaucoup le travail et
empêche de donner aux terres le nombre de façons
nécessaires.

D. Comment doit-on procéder pour transformer
en assolement alterne un assolement triennal ?

R. Il faut diviser les terres de la ferme en autant de parties égales que la rotation doit avoir
d'années ; puis, on en prépare une partie pour recevoir une culture fumée et sarclée, qu'on fumera
le plus abondamment possible, sans cependant négliger de fumer les céréales, dans une partie desquelles on semera une prairie artificielle, suivant
la nature du sol. L'année suivante, on mettra une
autre partie sous culture fumée et sarclée, et on semera la prairie artificielle, dans la céréale, qui aura succédé à la première culture fumée et sarclée.
On continuera ainsi jusqu'à ce que toutes les parties
aient été soumises à la rotation adoptée, en ayant
soin d'employer tous les moyens que nous avons indiqués pour maintenir le sol en bon état.

D. Qu'appelle-t-on soles ?

R. On appelle soles les terres qui doivent être
mises chaque année sous les mêmes cultures ;
ainsi, on dit la sole fumée, pour indiquer les terres sous culture fumée et sarclée ; la sole des céréales, pour les terres sous céréales ; la sole des
prairies artificielles, etc. On dit aussi première,
deuxième, troisième sole, etc.

D. Quels sont les assolements qui conviennent
aux défrichements de landes ?

R. Le choix des assolements à suivre sur les
défrichements de landes dépend d'un si grand
nombre de circonstances, qu'il est impossible de

rien dire de positif à cet égard ; car , indépendamment de la nature du sol , il faut avoir égard aux ressources dont on peut disposer , tant en capital qu'en main-d'œuvre , engrais , etc. , et à la position des terres. Voici deux rotations qui ont été suivies avec succès sur les landes de qualité moyenne :

Première année : Culture abondamment fumée et parfaitement sarclée.

Deuxième année : Céréale.

Troisième année : Culture fumée et sarclée.

Quatrième année: Céréale avec prairie artificielle.

Cinquième année : Prairie artificielle.

Sixième année : Céréale.

Si on pouvait enfouir la dernière coupe de la prairie artificielle , cela produirait un bon effet.

Cet assolement exige un fort capital ; mais il permet de mettre promptement les terres en bon rapport.

Lorsqu'on est forcé d'écobuer , ce qui est très-mauvais pour les landes dont le sol est léger , on peut suivre l'assolement suivant :

Première année : Seigle , sur écobuage , dans lequel on sème des plantes fourragères vivaces.

Deuxième année : Plantes fourragères fauchées.

Troisième et quatrième années : Pâturages.

Cinquième année : Culture fumée et sarclée.

Sixième année : Céréale.

A la seconde rotation , on suit un assolement un peu plus riche.

Les rotations qui produiront le plus de fourrages , seront toujours les meilleurs , sauf quelques cas exceptionnels. Il ne faut pas cultiver le froment sur les défrichements de landes , qu'à la troisième ou à la quatrième année ; il est rare qu'il y réussisse plus tôt. Il en est de même du trèfle.

D. Quel serait le meilleur assolement , dans le

is où on suivrait la méthode de défrichement in-
iquée comme particulière à certaines contrées ?

R. On sait que cette méthode consiste à semer
es céréales, avec noir-animal, sur les mottes
tournées, et à les couvrir à la bêche. On pour-
ait, si on en avait les moyens, suivre le premier
isolement indiqué pour les landes, en mettant
ne culture fumée et sarclée, après la première
réale ; dans le cas contraire, on semerait la prai-
e artificielle dans la céréale de la troisième année,
on suivrait l'assolement avec pâturages.

D. Qu'appelle-t-on système pastoral ?

R. C'est l'assolement avec pâturages perma-
nts, pendant un nombre d'années déterminé.
n appelle système pastoral mixte, les assolemens
ternes avec pâturages, indiqués aux exemples
assolements alternes.

DEUXIÈME PARTIE.

GRICULTURE PROPREMENT DITE.

DES CULTURES AGRICOLES ET INDUSTRIELLES.

CHAPITRE X.

CULTURE DES CÉRÉALES.

Notions générales.

D. A quelle famille appartiennent les céréales ?

R. Le froment, le seigle, l'orge, l'avoine, le
illet, le maïs, appartiennent à la famille des
aminées, et le blé-noir à la famille des polygo-
es.

D. Que signifient les mots graminées et polygo-
ées ?

R On appelle graminées toutes les plantes à feuilles engainantes dont la base des feuilles enveloppe la tige comme dans une gaîne et dont les tiges sont rondes et noueuses, comme, les céréales et la majeure partie des plantes qui composent nos prairies. On appelle polygonées des plantes dont les graines sont à trois ou quatre côtés, séparées par des arrètes saillantes et vives, comme les grains de blé-noir.

D. Quel soin doit-on apporter dans le choix des semences des céréales ?

R. On ne doit jamais semer que des grains récoltés en parfaite maturité et bien nets de toutes mauvaises graines. Il faut avoir soin de ne couper les blés destinés à la semence que lorsqu'ils sont complètement mûrs. Il faut ensuite avoir soin de faire tout ce qu'il est possible de faire pour les rendre complètement nets de toutes mauvaises graines.

D. Doit-on changer les semences des céréales ?

R. Lorsqu'on reconnait que les espèces qu'on tient spécialement à cultiver ont dégénéré, il faut tàcher de se procurer de nouvelles semences ; mais pour cela, il faut, autant que possible, les demander aux pays d'où elles sont venues dans le principe.

D. Quelles sont les maladies qui attaquent le plus souvent les céréales ?

R. Ce sont la carie, le charbon, la rouille et l'ergot.

D. Qu'est-ce que la carie ?

R. C'est une maladie qui attaque toutes les graminées, mais particulièrement le froment. Les savants pensent qu'elle est produite par un champignon, qui se développe sur les grains et qu'on appelle *uredo segetum caries*. Les graines de ce champignon sont si petites qu'elles ne sont visible

qu'au microscope (instrument qui fait voir les objets plus gros qu'ils ne sont). La carie transforme
la substance farineuse du grain en une poussière
noire et fétide qui rend le pain nuisible à la santé.
Si cette poussière se répand sur le grain sain, elle
lui communique le germe de la maladie, et le grain
qui en provient est carié. La paille de blé carié
communique aux fumiers le germe de la carie ;
ainsi, il ne faut jamais appliquer aux céréales les
fumiers faits avec cette paille. Il y a même danger
à répandre sur le fumier l'eau qui aurait servi à
laver des blés cariés.

D. Comment reconnaît-on que les céréales sont
atteintes de la carie ?

R. Lorsqu'une céréale est atteinte de cette maladie, ses feuilles deviennent blanches, ses balles
et ses épis sont marqués de points blancs ; son
grain devient plus gros et d'un gris sale, et sa substance farineuse est, comme on l'a dit plus haut,
transformée en une poussière noire et fétide, sans
que la forme du grain soit détruite.

D. Qu'est-ce que le charbon ?

R. C'est une maladie qui a beaucoup de rapports
avec la carie, dont elle diffère cependant, en ce
qu'elle empêche la formation du grain ; que sa
poussière est d'un noir plus foncé et inodore, et
qu'elle ne se communique point comme la carie ;
elle attaque plus fréquemment l'avoine, l'orge et
le maïs que les autres céréales. On l'attribue
aussi à un champignon : *uredo darbo.*

D. Qu'est-ce que la rouille ?

R. La rouille, que nos cultivateurs appellent
safran, consiste en des taches rouges qui se forment sur les organes extérieurs des graminées.
Quand on passe les doigts sur ces taches, ils se
couvrent d'une poussière rouge, semblable à la

rouille du fer. La rouille nuit au développement de la plante, et les blés rouillés ne produisent ordinairement qu'un grain très-petit, qui ne contient presque pas de farine.

Quelques savants indiquent comme cause de la rouille un champignon qu'il appellent *uredo linearis*. Nos cultivateurs l'attribuent aux brouillards et aux pluies fines qui ont souvent lieu à l'époque de la floraison des céréales.

D. Qu'est-ce que l'ergot ?

R. L'ergot est une maladie qui attaque toutes les graminées, mais surtout le seigle. Elle consiste dans la transformation du grain en une substance noire, ayant la forme d'un ergot de coq. L'ergot est un poison très-violent: aussi, lorsque le seigle en contient une certaine quantité, il est indispensable de le trier.

D. Y a-t-il quelque moyen de préserver les céréales de ces maladies ?

R. Il n'y a que la carie qui puisse être prévevenue, par un moyen certain. On peut cependant atténuer beaucoup l'effet des autres maladies, par une bonne culture, une fumure convenable et un bon choix des semences.

D. Comment préserve-t-on les semences de la carie ?

R. En soumettant les semences à une des préparations ci-après, appelées chaulage. On ne chaule ordinairement que le froment.

Première manière de chauler (Méthode Dombasle).

Pour un hectolitre de froment, on fait dissoudre 750 grammes de sulfate de soude dans 8 litres d'eau, avec laquelle on arrose le froment, en ayant soin de le bien mêler, afin que tous les grains soient bien mouillés ; puis, on répand dessus 2 kilog.

kilog. de chaux éteinte en poudre , par aspersion.
(On ne doit éteindre la chaux qu'au moment de
l'employer.) Puis on remue le tas pour bien mêler
la chaux.

Deuxième manière.

Pour un hectolitre , on fait dissoudre 50 grammes de sulfate de cuivre dans 8 litres d'eau , avec
laquelle on arrose le grain , comme dans la première manière, ou dans laquelle on le fait tremper.

Le sulfate de cuivre est un poison très-violent ;
son emploi présente donc des inconvénients très-
graves ; et, comme cette méthode n'est pas plus
efficace que la première , nous pensons qu'il vaut
mieux s'en tenir à celle-ci , qui ne présente aucun danger et ne coûte pas plus cher.

Nos cultivateurs se bornent à faire tremper le
froment dans un lait de chaux , auquel ils ajoutent
quelquefois un peu de saumure, de jus de fumier ,
ou de la fiente de poule. Ce procédé n'est pas d'une
réussite aussi certaine que les deux autres.

D. Quelles préparations doit-on donner aux terres destinées aux céréales ?

R. Le nombre des labours varie suivant la nature des terres , suivant l'état dans lequel elles se
trouvent et suivant l'espèce de récolte à laquelle
elles succèdent. Après les racines fumées et sarclées , après le blé-noir , sur une jachère bien faite,
un seul labour suffit ; après les pois et les fèves ,
il en faut au moins deux , qu'il serait bon de faire
précéder d'un déchaumage , quand la terre est
sale.

D. Doit-on fumer les céréales ?

R. Quand on suit un assolement régulier bien
établi et qu'on peut fumer convenablement, il vaut
mieux appliquer le fumier aux racines : premièrement , parce que les mauvaises herbes, provenant

des graines contenues dans les fumiers , peuvent être plus facilement détruites dans les cultures sarclées , qui se font , le plus souvent , en lignes , que dans les céréales ; deuxièmement , parce que, si la fumure est un peu forte , les céréales sont ex - posées à verser ; troisièmement , parce que la fumure , appliquée aux céréales , occasionne souvent des inégalités dans la végétation.

Lorsqu'on ne peut disposer que d'une petite quantité de fumier , il vaut mieux l'appliquer aux céréales.

D. Comment sème-t-on les céréales?

R. A la volée ou au semoir ; on a aussi fait quel- que essais de transplantation pour le froment.

D. Comment sème-t-on à la volée?

R. Il y a deux manières de semer à la volée : sur raie ou sous raie. Quelle que soit la manière qu'on adopte , il faut faire choix d'un bon semeur , qui ne sème ni trop ni trop peu et qui répartisse bien également la semence.

D. Comment sème-t-on sur raie?

R. Si la surface du labour est bien égale et si le sol n'est pas trop compacte , on sème sur le labour tel que la charrue l'a fait et on recouvre à la herse à dents de fer , qu'il est bon de faire passer deux fois ; si le labour n'est pas uni , il faut herser avant de semer ; si le sol est compacte, on recouvre avec l'extirpateur ou la herse à couvrir de M. Bodin. Cette herse à couvrir est un très-bon instrument. On pourrait aussi couvrir avec un bon extirpateur.

D. Comment sème-t-on sous raie?

R. Quand on veut semer sous raie , on sème avant de labourer et on enterre avec la charrue. Les semailles sur raies sont préférables , car elles permettent de préparer les terres à l'avance , et , par conséquent , de semer quand on veut.

D. A quelle profondeur doit-on enterrer les céréales ?

R. La profondeur varie suivant la nature des terres. Il faut enterrer plus avant dans les terres légères que dans les terres fortes ; pour le froment, la profondeur est de deux à six centimètres ; pour le seigle, l'orge et l'avoine, il faut de quatre à six centimètres.

D. Comment sème-t-on au semoir ?

R. On se sert du semoir Huynes, qui rayonne et sème ; ou d'un semoir adapté à la charrue, qui sème sous raie ; ou, enfin, du semoir à brouette. Quand on se sert de ce dernier, on trace des rayons avec le rayonneur et on recouvre à la herse. On met de 15 à 20 centimètres entre les lignes. Pour employer le semoir Huynes, il faut que le sol soit parfaitement nivelé.

D. N'y a-t-il pas quelque cas où il soit bon de recouvrir les céréales à la bêche (ce qu'on appelle dans le pays anjoler) ?

R. Quand on sème des céréales sur un trèfle ou sur une luzerne ou sur un défrichement de prairie, il est très-bon d'employer cette méthode.

D. Comment se fait cette opération ?

R. On commence le labour par le milieu de la planche, on donne trois traits de charrue de chaque côté, on unit le terrain avec la bêche et on recouvre avec la terre, qu'on bêche dans le fond de la troisième raie. Pendant que les bêcheurs recouvrent le blé, la charrue passe sur une autre planche, où elle opère de la même manière ; puis, elle retourne sur la première, où elle donne encore trois traits de chaque côté et qu'on sème et qu'on recouvre comme il a été dit. Pendant ce temps, les bêcheurs viennent sur la deuxième planche et on continue l'opération en passant alternativement d'une planche à l'autre , en faisant en sorte de travailler sur deux planches à la fois , afin qu'il n'y ait pas de temps perdu. Six hommes ou huit femmes suffisent pour faire cette opération , et l'augmentation de produit qu'on en obtient couvre largement l'augmentation des frais de main-d'œuvre.

D. La méthode de couvrir avec la houe ou les rateaux, généralement suivie dans le pays, n'est-elle pas bonne aussi?

R. Elle est bonne quant à la réussite du grain, et c'est la seule qu'on puisse suivre sur les petits billons, mais elle est beaucoup moins expéditive et beaucoup plus coûteuse que la herse et expose souvent les semailles à être retardées par le mauvais temps.

D. Quels sont les soins d'entretien à donner aux céréales ?

R. Il faut entretenir les rigoles d'écoulement en bon état, pendant toute la saison des pluies , afin qu'il n'y reste jamais d'eau stagnante. Vers la fin de février ou le commencement de mars , on herse les céréales d'hiver , par un temps sec. Il ne faut pas s'inquiéter, si la herse déchire ou arrache quelques touffes.

Si les céréales sont sur des terres légères, ayant été soulevées par les gelées, au lieu de herser on roule. Quand on sème une prairie artificielle dans une céréale, on la sème avant le hersage et on couvre la graine en hersant.

Vers le mois d'avril ou de mai, on sarcle les céréales d'hiver qui en ont besoin. On choisit pour cela le moment où les mauvaises herbes sont assez développées pour qu'on puisse les arracher facilement et où le sol n'est pas encore trop durci par la sécheresse.

Du Froment.

D. Qu'est-ce que le froment ?

R. Le froment est une plante annuelle, à tige herbacée, de la famille des graminées et du genre *Triticum*.

D. Comment les agriculteurs classent-ils les froments ?

R. En froments d'hiver et froments de printemps. Ces deux classes renferment un grand nombre de variété, dont les unes sont barbues et les autres sans barbes. On regarde les froments de printemps comme des variétés des froments d'hiver et non comme des espèces différentes.

D. Quelles sont les qualités et les défauts des froments barbus ou sans barbes ?

R. Les froments barbus sont inférieurs en qualité aux froments sans barbes et leur paille est moins bonne pour la nourriture des bestiaux ; mais ils sont beaucoup plus rustiques et conviennent mieux pour les terres humides et froides. Ils sont aussi moins sujets à verser que les froments sans barbes.

D. Quelles sont les terres qui conviennent au froment d'hiver ?

R. Le froment d'hiver veut une terre de consistance moyenne, plutôt forte que légère ; il réussit même dans les terres très-compactes, pourvu qu'elles aient été bien fumées, bien égoutées et ameublies à une profondeur d'au moins 10 à 15 centimètres. Le froment ne donne que de faibles produits sur les terres très-légères, à moins qu'elles n'aient été améliorées par des amendements ou des fumiers très-décomposés.

D. Quelles sont les cultures auxquelles le froment peut succéder avec avantage ?

R. Le froment réussit bien après toutes les racines, après les pois, les fèves, les haricots, les oignons, le lin, le colza, les choux, le trèfle, le blé noir et sur une jachère bien faite.

D. Quelles sont les cultures après lesquelles le froment ne réussit pas ?

R. Ordinairement, le froment ne réussit pas après les autres céréales de même famille que lui, après les pommes de terre mal cultivées et récoltées tard. A moins de conditicns très-favorables, il ne donne que de faibles produits sur les défrichements de landes, si on l'y cultive avant la troisième ou la quatrième année ; il en est de même des défrichements de prairies et de luzerne. A la vérité, ces principes ne sont pas sans exception, car on voit souvent un bon froment après froment ; on voit aussi de bon froment sur des défrichements ; mais ces cas sont rares et il en résulte presque toujours des inconvénients.

D. Quand doit-on semer le froment d'hiver ?

R. Dans nos contrées, on sème du 1er octobre au 15 décembre. Les terres humides doivent être ensemencées les premières.

D. Quelle quantité de semence doit-on semer par hectare ?

R. La quantité de semence à employer varie suivant la nature des terres et l'époque à laquelle on sème ; dans les terres riches et bien nettes il faut moins de semence que dans les terres pauvres et sales. Plus on sème tard, plus il faut de semence. On sème, en moyenne, deux hectolitres à deux hectolitres 1/2 par hectare.

D. Quelles sont les terres qui conviennent aux fromeuts de printemps ?

R. Les froments de printemps veulent une terre de consistance moyenne, plutôt légère que forte, bien meuble, bien fumée, bien nette et conservant un peu de fraîcheur pendant l'été.

D. La culture des froments de mars est-elle aussi avantageuse que celle des froments d'hiver ?

R. Le rendement des froments de mars est ordinairement moins fort que celui des froments d'hiver ; cependant, on obtient quelquefois des produits aussi élevés des froments de mars que des froments d'hiver. Les froments de mars sont une ressource très-précieuse pour remplacer les froments d'hiver lorsqu'ils ont manqué.

D. A quelle époque sème-t-on le froment de mars ?

R. Depuis la mi-février jusqu'à la mi-avril. Il faut semer un peu plus épais que pour le froment d'hiver.

D. Quand doit-on couper le froment ?

R. Celui qui est destiné à la semence ne doit être coupé que lorsqu'il est complètement mûr. Celui qui doit être consommé doit être coupé lorsque la paille a pris une couleur jaune et que le grain a la consistance de la cire. Le froment coupé à cette époque pèse beaucoup plus que lorsqu'il est coupé trop tard, et, d'ailleurs, quand il est complètement mûr, il s'égraine et on en perd beaucoup.

D. Comment coupe-t-on le froment ?

R. Dans nos contrées, on coupe à la faucille ; dans d'autres contrées, on coupe à la faux ou à la sape. La sape est une espèce de petite faux.

D. Est-il bon de couper les blés par le milieu, comme on le fait dans quelques parties de la Bretagne ?

R. Nos cultivateurs coupent ainsi leurs blés, afin d'économiser les frais de battage ; cependant, il n'y a que le froment et le seigle qui soient coupés

par le milieu, et il est plus que probable que les
frais de coupe du chaume sont au moins aussi élevés que l'économie qu'on fait sur le battage, et la
preuve que cette méthode n'est pas avantageuse,
c'est qu'elle n'est plus que fort peu usitée en France ; cependant, elle peut être bonne dans les années pluvieuse, ou lorsqu'on a semé dans les blés
une plante fourragère d'une croissance rapide.

D. Quels sont les soins à donner au froment
lorsqu'il est coupé ?

R. On le laisse sécher (javeler) pendant trois à
quatre jours ; puis, lorsqu'il est bien sec, on le met
en gerbes ; on met les gerbes en tas dans le champ :
la forme de ces tas varie beaucoup ; mais, quelle que
soit celle qu'on adopte, ils doivent toujours être
faits de manière que les épis soient en dedans et
que la pluie n'y pénètre pas. Au bout de quelque
temps, on le transporte à la ferme et on le met en
grange ou en meules. Lorsqu'il doit passer l'hiver
dehors, il faut apporter le plus grand soin à la confection des meules, car si la pluie s'y introduisait,
elle y causerait de très-graves dégâts.

D. Quand doit-on battre le froment ?

R. Dans nos contrées, on bat aussitôt que les
blés sont rentrés. Dans presque toute la France, on
bat en hiver. Le battage en hiver doit être préféré
toutes les fois qu'on a un local convenable, parce
qu'alors la main-d'œuvre est moins chère et qu'on
peut employer, d'une manière bien plus avantageuse, le temps qui est maintenant employé au
battage d'été. Le battage d'hiver permet d'utiliser
les mauvais jours, pendant lesquels les travaux
extérieurs ne sont pas possibles.

D. Comment bat-on le froment ?

R. Dans nos contrées, on bat au fléau ; cependant, depuis quelque temps, plusieurs cultivateurs

se servent de machines. Le battage à la machine est beaucoup plus expéditif et moins coûteux que le battage au fléau , surtout quand les machines sont mises en mouvement par un manège ou un cours-d'eau. (1).

D. Quel est le rendement moyen d'un hectare de froment?

R. Ce rendement varie , suivant la nature des terres , entre dix et trente hectolitres de grain par hectare et de seize cent-cinquante à quatre mille kilogrammes de paille.

Du Seigle.

D. Qu'est-ce que le seigle?

R. C'est une plante annuelle , à tige herbacee , de la famille des graminées et de la classe des céréales.

D. Y a-t-il aussi du seigle de printemps?

R. Oui et le seigle de printemps est aussi une variété de celui d'hiver.

Le seigle de printemps est fort peu connu dans notre pays.

D. Quelles sont les terres qui conviennent au seigle?

R. Le seigle aime une terre légère, bien fumée et bien nette : il réussit bien sur les défrichements de landes et après toutes les plantes fourragères et les racines qui peuvent être cultivées sur les terres légères , ainsi qu'après le blé-noir.

D. A quelle époque sème-t-on le seigle?

R. Dans nos contrées , on sème le seigle d'hiver depuis la mi-septembre jusqu'à la fin de novembre ; le seigle de printemps , depuis la fin de février jusqu'à la fin de mars.

(1) Le seigle, l'orge et l'avoine se récoltant comme le froment , nous ne répéterons pas ce que nous avons dit à ce sujet à l'article froment.

D. Quelle quantité de seigle sème-t-on par hectare ?

R. La quantité de semence à employer est la même que pour le froment.

D. Quel est l'emploi du seigle ?

R. Le seigle a le même emploi que le froment. Sa paille est estimée pour la couverture des maisons, pour faire des paillasses et pour les ouvrages de sparterie. Les bestiaux ne la mangent pas bien.

D. Quel est le rendement de l'hectare de seigle ?

R. Ce rendement varie, suivant la nature des terres, entre dix et trente hectolitres de grain et deux à quatre mille kilogrammes de paille.

De l'Orge.

D. Qu'est-ce que l'orge ?

R. C'est une plante annuelle, à tige herbacée, de la famille des graminées et de la classe des céréales.

D. Quelles sont les terres qui conviennent à l'orge ?

R. L'orge aime une terre de consistance moyenne, bien meuble et bien desséchée.

D. Quelles sont les récoltes auxquelles l'orge peut succéder avec le plus d'avantage ?

R. Si on veut obtenir la meilleure récolte d'orge possible, il faut la placer après les racines fourragères ou les trèfles ; son rendement est bien moindre quand elle succède à une céréale, comme cela a lieu dans plusieurs contrées.

D. Y a-t-il plusieurs variétés d'orge ?

R. Oui, il y en a plusieurs : les unes sont d'hiver, les autres de printemps ; l'orge d'hiver est connue, dans quelques contrées, sous le nom d'escourgeon. L'expérience nous a prouvé que l'orge de printemps plate, à deux rangs, est très-pro-

ductive dans notre pays : elle a la propriété de
s'égrainer moins facilement que les autres espèces.

D. Quand sème-t-on l'orge et quelle quantité
sème-t-on par hectare?

R. L'orge d'hiver se sème en octobre ; l'orge de
printemps se sème du 15 mars au 1er mai : on met
de deux hectolitres 1/2 à trois hectolitres par hectare.

D. Quel est l'emploi de l'orge?

R. Dans plusieurs parties de la Bretagne, l'orge
est employée comme le froment et le seigle. Elle
peut remplacer avantageusement l'avoine pour l'a-
limentation des chevaux. Elle sert à faire de la
bière et sa culture peut être très-avantageuse dans
les environs des villes où il y a des brasseries. Sa
paille convient parfaitement pour tous les animaux
et quelques cultivateurs la mettent au-dessus de
celle de froment. (1). Elle rend de quinze à quarante hectolitres de grain à l'hectare.

De l'Avoine.

D. Qu'est-ce que l'avoine?

R. C'est une plante herbacée, annuelle, de la
famille des graminées et de la classe des céréales.

D. Combien cultive-t-on d'espèces d'avoine?

R. Deux, celle d'hiver et celle de printemps.
Parmi les variétés de printemps, on distingue surtout l'avoine noire comme très-rustique et très-
productive : elle est recherchée pour les chevaux.

D. Quelles terres conviennent à l'avoine?

R. L'avoine vient dans toutes les terres ; cependant, celles qui sont un peu fortes lui conviennent
mieux que celles qui sont trop légères.

______

(1) On cultive, sous le nom de méteil, un mélange de seigle
et de froment, et sous le nom de mistillon, un mélange de
froment et d'orge d'hiver. Ces mélanges, qui se cultivent
comme le froment, l'orge et le seigle, sont rarement avantageux.

D. A quelles récoltes peut-elle succéder avantageusement ?

R. Elle peut venir après toutes les plantes sarclées : après le lin , le blé-noir , sur les défrichements de trèfle , luzerne, prairies naturelles, etc. En la plaçant , comme on le fait dans notre pays, après un froment ou un seigle , on n'obtient qu'un faible produit et on salit beaucoup la terre.

D. A quelle époque sème-t-on l'avoine et quelle quantité sème-t-on ?

R. Dans nos contrées , on sème l'avoine d'hiver depuis la mi-septembre jusqu'à la fin de novembre et même quelquefois jusqu'en décembre ; l'avoine de printemps se sème depuis le commencement de février jusqu'à la fin de mars.

On sème de deux hectolitres 1/2 à trois hectolitres par hectare.

D. Quel est l'emploi de l'avoine ?

R. Son emploi le plus commun est pour l'alimentation des chevaux : on en donne aussi aux animaux à l'engrais. Dans notre pays , on en emploie beaucoup pour faire de la bouillie. Sa paille est très-bonne pour le gros bétail , mais elle ne convient pas aux chevaux. L'avoine produit de douze à trente hectolitres de grain à l'hectare.

Du Blé-Noir.

D. Qu'est-ce que le blé-noir ou sarrasin ?

R. C'est une plante annuelle , à tige herbacée, de la classe des céréales , de la famille des polygonées et du genre *polyonum* ; on en cultive deux variétés , l'ordinaire (*polygonum fayopirum*) et le blé-noir de Tartarie (*polygonum Tartarium*) : cette dernière variété est , dit-on , moins sujette à manquer que la première , mais son rendement est moindre et sa qualité très-inférieure.

D. La culture du blé-noir est-elle avantageuse?

R. Rarement ; cette plante est sujette à tant d'inconvénients, qu'elle ne peut guère donner de bénéfices ; aussi serait-il avantageux de restreindre sa culture et de le remplacer par des racines fourragères. Son plus grand avantage, est que se semant tard, il permet de donner aux terres les façons d'une jachère, et, par conséquent, il est une très-bonne préparation pour le froment, quand les labours préparatoires ont été faits en temps convenable.

D. Quels sont les inconvénients auxquels le blé-noir est sujet?

R. Il craint les gelées, les grandes sécheresses, les vents brûlants ; son grain ne mûrit pas tout ensemble et il s'égraine facilement ; s'il survient des pluies au moment de sa maturité, il germe très-promptement, même sur pied ; il fermente facilement au magasin.

D. Quelles terres conviennent au blé-noir?

R. Le blé-noir vient dans toutes les terres, pourvu qu'elles soient bien meubles, passablement fumées et qu'elles conservent un peu de fraîcheur.

D. Comment doit-on préparer les terres à blé-noir?

R. Il faut donner un premier labour à la charrue avant l'hiver ; ce labour doit avoir été précédé d'un déchaumage. Il ne faut pas herser, afin que l'air puisse bien pénétrer dans l'intérieur de la terre. Vers la fin de février, si la terre n'est pas trop mouillée, on roule et on herse ; puis, on donne un second labour à la charrue, suivi d'un roulage et d'un hersage, ou mieux d'un coup d'extirpateur. Vers la mi-avril, on donne un troisième labour, après lequel on roule et on herse de nouveau ; puis, au moment des semailles, on fume et on enterre le fumier par un quatrième labour, sur lequel on sème et on enterre à la herse légère.

D. Quels sont les engrais qui conviennent le mieux au blé-noir ?

R. Ce sont les fumiers bien décomposés, les cendres, le guano, le noir-animal et généralement tous les engrais d'une décomposition rapide.

D. Quand sème-t-on le blé-noir et quelle quantité sème-t-on ?

R. En Bretagne, on sème du 1er au 15 juin, à raison de un hectolitre 25 par hectare. Son rendement varie entre quinze et trente hectolitres à l'hectare.

D. Quand et comment récolte-t-on le blé-noir?

R. On coupe, lorsque la majeure partie des grains est mûre, ce qu'on reconnaît à leur couleur d'un gris argenté ; on le met debout, par petits faisceaux, pour qu'il puisse facilement sécher, puis, au bout de quatre ou cinq jours, on le bat Quelques cultivateurs le battent sur le champ même. Quand on le transporte dans des charrettes il faut avoir soin d'en garantir le fond avec des toiles, afin de ne pas perdre celui qui s'égraine Après le battage, on le met sur un plancher, en tas peu épais, et on le remue souvent pour qu'il ne s'échauffe pas.

D. Les cultivateurs Bretons suivent-ils la méthode indiquée ci-dessus pour la culture du blé noir ?

R. Non ; ils ne donnent leur premier labour qu'en mars, ce qui rend les travaux beaucoup plus coûteux et empêche les terres de profiter de l'influence favorable des gelées. Vers le mois d'avril ils donnent un second labour à la houe à mai (mare), ce qu'ils appellent hoûter ou piqueler puis, ils donnent le dernier labour au moment de

semailles. Ordinairement, ils ne fument pas ; ils
se bornent à y mettre un peu de cendre ou de noir-
animal. S'il donnaient les façons avec la herse, le
rouleau et l'extirpateur, ils économiseraient beaucoup sur la main-d'œuvre et leurs terres seraient
bien mieux préparées. Ils trouveraient aussi de
l'avantage à mettre le fumier au blé-noir, leurs
froments seraient bien moins sales et moins sujets
à verser.

Du Millet.

D. Qu'est-ce que le millet et comment le cultive-t-on ?

R. C'est une céréale annuelle, de la famille des
graminées. Il y en a plusieurs variétés. Le jaune
est cultivé dans quelques parties de la Bretagne :
son grain sert à faire de la bouillie, sa paille est
un bon fourrage. Il veut une terre légère. On sème du 15 avril au 15 mai. Il résiste très-bien à la
sécheresse. On le cultive aussi comme fourrage
vert.

CHAPITRE XI.

DES PLANTES SARCLÉES FOURRAGÈRES.

De la Pomme de Terre.

D. Comment prépare-t-on les terres pour les
plantes sarclées ?

R. On prépare les terres comme il a été dit pour
le blé-noir.

D. Qu'est-ce que la pomme de terre ?

R. La pomme de terre (dont le nom scientifique
est *Solanum Tubervrum*) est une plante annuelle,
à tige herbacée, à racines tuberculeuses, de la famille des solanées et du genre *Solanum*. On la cultive pour ses tubercules.

D. Que signifie le mot solanées ?

R. On a donné le nom de solanées à une famille de plante d'un aspect sombre , d'une odeur désagréable et dont plusieurs sont des poisons très-violents.

D. Quels sont les usages de la pomme de terre?

R. Dans son état naturel , elle sert à la nourriture de l'homme et à celle des animaux. Se prêtant à une très-grande variété de préparations culinaires , elle peut paraître , avec avantage , sur la table du riche comme sur celle du pauvre ; soumise à certaines fabrications , on en extrait de la fécule , du sucre et de l'alcool (eau-de-vie).

D. Y a-t-il plusieurs espèces de pommes de terre ?

R. Ordinairement, les agriculteurs classent les pommes de terre en deux espèces , les précoces et les tardives. Chacune de ces espèces a produit un grand nombre de variétés : c'est aux cultivateurs à choisir celles qui conviennent le mieux à leurs terres et qui se vendent le mieux dans leurs contrées.

D. Quels sont les avantages et les désavantages de la culture des pommes de terre tardives et des pommes de terre précoces?

R. Les pommes de terre précoces produisent un peu moins que les tardives , mais elles se vendent plus cher et elles ont surtout l'immense avantage de se récolter avant la saison des pluies et paraissent souffrir moins de la maladie que les tardives. Les pommes de terre tardives donnent un produit plus fort ; mais , comme elles ne se récoltent que fort tard, on est souvent forcé d'en faire l'extraction par un temps de pluie, ce qui est très-nuisible pour les terres compactes. Quand on veut cultiver les variétés tardives , il faut choisir celles qui peuvent être récoltées avant la mi-octobre.

D. Comment se reproduisent les pommes de terre ?

R. Par semis et par plantation de tubercules, ou de portion de tubercule.

D. Comment récolte-t-on la graine de pommes de terre ?

R. Le mode de reproduction par semis est fort peu employé; on n'y a guère recours que lorsqu'on veut obtenir de nouvelles variétés.

Lorsque les baies sont mûres, on les écrase, avec la main, dans de l'eau, et on lave la graine pour la séparer de la matière mucillagineuse, puis on la fait sécher au soleil et on la conserve à l'abri de l'humidité.

D. Comment se font les semis ?

R. On sème vers la mi-Avril, sur une terre bien meuble et bien fumée, en lignes espacées de vingt-cinq à trente centimètres; lorsque les jeunes plantes ont huit à dix centimètres, on les transplante en lignes, espacées de quarante à cinquante centimètres, en laissant entre les plants une distance d'environ trente centimètres. Souvent on sème en lignes espacées, comme pour la transplantation, et on éclaircit; alors on ne transplante que celles qu'on a tirées. Les tubercules qu'on obtient sont ordinairement petits; cependant nous avons vu des tubercules de graines, qui étaient, dès la la première année, aussi gros que le poing. On les conserve, à l'abri des gelées, et on les sème l'année suivante entiers.

D. Doit-on préférer, pour la plantation, les tubercules entiers aux morceaux de tubercules ?

R. Pour les terres humides et froides, on doit préférer les tubercules entiers, de moyenne grosseur, parce qu'ils sont moins exposés à se pourrir que les morceaux. Toutes les fois qu'un tubercu-

le n'est pas plus gros qu'une noix , il doit être semé entier. Dans tous les autres cas , il faut planter
des morceaux de tubercules ; ce qui est beaucoup
plus économique. Chaque morceau doit avoir au
moins deux yeux et être de la grosseur d'une noix.
Il ne faut pas perdre de vue que la jeune plante doit
vivre aux dépens du tubercule semé , jusqu'à ce
que ses organes de nutrition soient assez dévelop-
pés pour lui fournir les sucs nutritifs dont elle a
besoin. On a , dit-on , obtenu de bons résultats,
en plantant seulement des plures , ou des yeux ;
ce sont là des essais qu'il ne faut jamais tenter en
grand, à moins qu'on n'y soit forcé, par la grande
rareté ou le prix très-élevé des tubercules.

D. Les pommes de terre sont-elles effritantes ?

R. Plusieurs personnes en ont cultivé, pendant
plusieurs années , sur le même sol , sans éprouver de diminution sur le produit ; peut-être n'en
serait-il pas de même partout , mais il est certain
qu'elles peuvent , sans inconvénient , revenir sur
le même terrain tous les deux ans.

D. Quelles sont les terres qui conviennent aux
pommes de terre ?

R. Les pommes de terre réussissent à peu près
sur toutes les terres , pourvu qu'elles soient bien
fumées , bien égouttées , et suffisamment meubles.

Les pommes de terre cultivées sur les terres légères , produisent moins que celles qui sont sur
des terres compactes , mais elles ont un bien meilleur goût ; au reste , les pommes de terre ne donnent jamais de bons produits sur les terres humides et froides.

D. Ne serait-il pas possible d'obtenir de bons
résultats sans fumer ?

R. Beaucoup de cultivateurs ne plantent les

pommes de terre qu'après une céréale fumée, et, par conséquent, ils ne fument pas. Quand on suit un assolement régulier, il vaut toujours mieux appliquer le fumier aux pommes de terre et autres cultures sarclées, comme nous l'avons dit ailleurs. Si on cultive les pommes de terre sur un sol épuisé, on doit s'attendre à de faibles produits. L'expérience nous a prouvé qu'il n'est pas vrai que les pommes de terre fumées soient plus sujettes à la maladie que celles qui ne sont pas fumées.

D. A quelle époque plante-t-on les pommes de terre ?

R. Dans notre pays, on plante les pommes de terre précoces, depuis la mi-Janvier, jusqu'à la fin de Mars ; et les tardives, depuis le commencement de Mars, jusqu'à la fin d'Avril.

D. Ne pourrait-on pas planter aussi en automne ou vers la fin de l'été ?

R. Des essais en ce genre de culture ont été faits, dans nos contrées ; les uns ont réussi, les autres ont manqué : il serait à désirer qu'ils fussent continués. Il est probable que ce mode de culture réussirait sur nos côtes, où les hivers ne sont pas ordinairement très-rigoureux. Voici comment les cultivateurs Saxons pratiquent cette culture : vers la mi-Août, ils sèment des tubercules précoces de l'année ; au commencement des gelées, ils couvrent avec de la paille ; ils buttent vers la fin de Février et ils récoltent en Avril (1).

D. Comment plante-t-on les pommes de terre ?

_____

(1) Je crois qu'il serait facile, avec un peu de soin et de persévérance, soit par semis, soit par plantation d'automne répétée, d'obtenir une variété cultivable dans cette saison : je compte faire des essais à ce sujet, et j'engage les autres à en faire, et à faire connaitre les résultats qu'ils auront obtenus.

R. On plante à la charrue ou avec des outils. La plantation à la charrue étant la plus économique, c'est la seule dont nous nous occuperons ici.

Pour planter à la charrue, on ouvre, au milieu de la panche, deux raies espacées de la largeur de trois colées (environ 0 m. 75 cent.), dans lesquelles trois ou quatre femmes, ou enfants, placent les pommes de terre, non pas dans le fond de la raie, mais dans le bord de la colée, de manière qu'elles aient, au-dessous d'elles, quatre à cinq centimètres de terre meuble, et qu'elles ne puissent être écrasées par les pieds des chevaux. On donne ensuite deux coups de charrue, dans lesquels on ne plante pas, et on plante dans la troisième raie. On continue ainsi, en laissant toujours deux raies vides entre chaque raie plantée. De cette manière, les rangs se trouvent suffisamment espacés pour que la houe à cheval et le buttoir puissent fonctionner. La distance entre les tubercules doit être de trente à trente-cinq centimètres.

Il est bon d'atteler les chevaux à la file.

D. Quels sont les soins à donner aux pommes de terre?

R. Lorsqu'elles commencent à sortir de terre, on donne un hersage énergique, qui détruit les mauvaises herbes et facilite la sortie des jeunes tiges. Quelque temps après, on sarcle entre les rangs, à la houe à cheval et à la houe à main dans les rangs. Ces sarclages doivent être répétés autant de fois que cela est nécessaire, pour bien nettoyer la terre. Quand les tiges ont vingt-cinq à trente centimètres de hauteur, on butte avec le buttoir; ce qui est bien plus économique que le buttage à la main.

D. Le buttage est-il indispensable?

R. Il est à peu près reconnu qu'il n'augmente pas sensiblement le produit, mais il n'en est cependant pas moins utile sous plusieurs rapports ; il rassemble une plus grande quantité de terre meuble aux pieds de la plante, il facilite l'extraction, et enfin, c'est une façon de plus donnée à la terre.

D. Est-il avantageux d'enlever les fleurs aux pommes de terre ?

R. Il est peu probable que cela puisse donner une augmentation de produit suffisante pour couvrir les frais de l'opération.

D. Ne peut-on pas couper les tiges de pommes de terre pour les employer comme fourrages ?

R. Puisqu'il est reconnu que les feuilles et les tiges sont des organes de nutrition, il est évident qu'on ne peut les enlever avant la complète maturité de la plante, sans nuire à son développement. D'ailleurs, les tiges sont si peu nutritives, qu'elles valent à peine les frais de coupe. Cent kilog. de tiges de pommes de terre ne représentent que huit kilog. de foin (1).

D. A quel signe reconnaît-on la maturité des pommes de terre ?

R. A la dessication complète des feuilles et des tiges. L'extraction faite avant la maturité, rend les tubercules impropres à être conservés.

D. Comment se fait l'extraction des pommes de terre ?

R. Quelquefois on se sert d'une charrue sans versoir, ou d'un buttoir, mais ces instruments laissent beaucoup de tubercules dans la terre :

____

(1) Quelques personnes pensent, qu'en coupant les tiges au ras de terre, vers la fin d'Août, on prévient, ou du moins, on diminue la maladie. Nous ne pouvons encore rien affirmer cet égard : il serait à désirer qu'on fît quelques essais.

nous pensons que l'extraction à la main doit être
préférée. quoique plus coûteuse, parce qu'elle laisse beaucoup moins de tubercules dans la terre,
et que si elle est bien faite, elle peut être un excellent moyen de nettoyer le terrain.

L'instrument, qui nous semble le plus convenable, pour faire cette opération, c'est le croc à
trois dents plates.

Comment conserve-t-on les pommes de terre ?

R. Il faut, premièrement quelles soient sèches
et bien nettes de terre, puis on les met en tas
dans des celliers ou dans des caves, dans lesquels
on laisse pénétrer le moins d'air et de lumière possible ; comme elles craignent la gelée, il faut les
recouvrir de paille ; on peut aussi les conserver
en silos. La lumière les fait verdir et devenir âcres.

D. Comment les met-on en silos ?

R. On creuse dans la terre une rigole d'un mètre de largeur sur cinquante à soixante centimètres de profondeur, et d'une longueur proportionnée à la quantité de tubercules qu'on veut y
mettre. On remplit cette rigole jusqu'au niveau
du sol, puis on empile ensuite les tubercules,
de manière que le tas ait la forme d'un toit, puis
on recouvre le tout d'une couche de paille, sur
laquelle on met une couche de terre d'au moins
trente-cinq centimètres d'épaisseur ; on a soin de
ménager, dans la partie supérieure du silo, quelques évents, qu'on bouche dans les temps de pluie
ou de glace. On creuse ensuite tout autour du silo une rigole plus profonde d'au moins un décimètre que le fond du silo, et on donne à cette rigole un écoulement tel qu'il n'y reste jamais d'eau
stagnante. On doit mettre de la paille dans le fond
du silo, avant d'y mettre les pommes de terre (1).

(1) Il est bon de ne pas faire les silos trop longs ; plus ils

D. A quelle cause doit-on attribuer la maladie des pommes de terre qui a sévi d'une manière si fâcheuse en 1845, 46, 47, 48, 49 et 50 ?

R. La cause de cette maladie n'est point encore connue, mais il y a tout lieu de croire qu'elle est de même nature que les épidémies qui sévissent souvent sur les hommes, ou les épizooties qui attaquent les bestiaux. En 1851, elle a beaucoup diminué.

D. Y a-t-il quelques moyens de prévenir cette maladie ?

R. Jusqu'ici il n'y a point encore de moyen certain, connu de nous, de prévenir ou de guérir cette maladie (1). Nous pensons qu'en plantant de bonne heure et en cultivant les espèces précoces, on pourrait, dans nos contrées, sinon s'en préserver entièrement, du moins en atténuer beaucoup les effets.

De la carotte fourragère.

D. Qu'est-ce que la carotte ?

R. La carotte est une plante bisannuelle à tige herbacée, à racine pivotante et fusiforme (en forme de fuseau), de la famille des *ombellifères* et du genre *damus*.

D. Que signifie le mot ombellifères ?

R. Les botanistes ont donné le nom d'Ombellifères, à une famille de plantes dont le caracère principal est que les supports des fleurs par-

---

ont courts, plus ils sont faciles à visiter : cinq à six mètres suffisent. Si la pourriture se déclare dans un silo, on s'en perçoit par l'odeur qui se dégage des évents. Il faut donc, de temps en temps, sentir les vapeurs qui sortent des évents.

(1) Nous avons essayé les chaulages aux sulfate de cuivre et de soude, à la chaux, au sel marin ; aucun n'a atténué la maladie.

tent tous d'un même point , comme les branches d'un parasol. Presque toutes les plantes de cette famille ont une odeur aromatique , comme la carotte , l'anis , le fenouil , etc.

D. Quelle est la variété de carotte qui convient le mieux à la culture fourragère ?

R. C'est la blanche à collet vert , parce qu'elle est la plus rustique, parce que son rendement est plus considérable , et parce qu'elle croît, en partie , hors de terre , ce qui facilite beaucoup son extraction.

On cite une variété rouge à collet vert, qu'on dit aussi être très-bonne : il serait bon d'en essayer.

D. Quelles sont les terres qui conviennent aux carottes ?

R. Les carottes aiment une terre de consistance moyenne , plutôt légère que trop compacte ; cependant, on obtient de bons produits dans les terres argileuses , quand elles ont été bien ameublies , bien fumées et bien égouttées.

D. A quelle époque sème-t-on ?

R. Dans nos contrées , on peut semer de la mi-Avril à la fin de Mai.

D. Comment sème-t-on ?

R. Après avoir préparé la terre comme il a été dit pour les autres plantes sarclées , on sème en lignes espacées d'environ 75 centimètres , à raison de 2 kilog. à 2 kilog. 500 de graine par hectare. On sème au semoir , et on recouvre avec une chaîne qui traine à la suite du semoir. Quand on n'a pas de semoir , on met la graine dans une bouteille , bouchée avec un bouchon traversé d'un tube de quatre à cinq millimètres de diamètre , et on recouvre par un léger coup de herse. Les rayons se tracent avec un râteau à dents de bois, dont les dents sont espacées convenablement. Ces rayons doivent

doivent être seulement marqués , car la graine de carottes ne doit être recouverte que le moins possible. Avant de rayonner , il faut donner un coup de rouleau. Il faut aussi que la graine soit bien frottée , afin de ne pas se pelotonner , ce qui l'empêcherait de tomber régulièrement du sémoir ou de la bouteille.

D. Pourquoi les plantes sarclées doivent-elles être cultivées en lignes ?

R. C'est afin de pouvoir sarcler entre les lignes avec la houe à cheval, et de n'être obligé de sarcler à la main que dans les lignes. Par ce moyen , on diminue considérablement les frais de sarclage , qui sont souvent si coûteux , dans les plantes semées à la volée , qu'ils rendraient impossible la culture de certaines plantes sarclées

D. Quels sont les soins d'entretien à donner aux carottes ?

R. Aussitôt qu'elles sont assez développées pour qu'on puisse bien les distinguer des autres plantes, on commence par sarcler à la main dans les lignes , et à un décimètre de chaque côté , afin que la houe à cheval n'approche pas trop des jeunes plantes , ce qui pourrait les couvrir de terre et les étouffer ; puis on fait passer la houe à cheval. Ces sarclages doivent être répétés autant de fois qu'ils sont nécessaires , afin de maintenir toujours la terre dans un grand état de propreté. C'est après le premier sarclage qu'on éclaircit , en laissant environ 4 à 5 centimètres entre chaque plant.

D. Quand doit-on tirer les carottes ?

R. Dans nos contrées , elles pourraient , sans inconvénient, passer l'hiver en terre, et n'être extraites qu'au fur et à mesure de la consommation , mais comme on les remplace , le plus ordinairement dans notre pays par un blé d'hiver, on les tire vers la mi-Octobre.

D. Comment conserve-t-on les carottes?

R. On les laisse sécher, puis on les débarrasse de la terre, sans les meurtrir ; on coupe les feuilles un peu au-dessous du collet, et on les met dans des celliers bien clos, ou en silos, comme les pommes de terre.

Du Panais.

D. Qu'est ce que le panais ?

R. C'est une plante bisannuelle, à tige herbacée, à racines pivotantes et fusiformes, de la famille des ombellifères et du genre *pastinaca.*

D. Quelles sont les terres qui conviennent aux panais ?

R. Le panais veut une terre compacte, profonde et bien fumée. Ordinairement, on sème le panais sur un défoncement.

D. Comment cultive-t-on le panais ?

R. Sa culture est absolument la même que celle de la carotte. On sème de la mi-Mars à la fin d'Avril, à raison de 6 kilog. de graine par hectare. Les soins d'entretien sont les mêmes que pour les carottes. Il ne faut pas semer de graines de deux ans.

D. Comment récolte-t-on le panais et comment le conserve-t-on ?

R. On le récolte comme les carottes, et dans la même saison ; mais comme il ne se conserve pas aussi bien en magasin que les carottes, il serait plus prudent de le laisser passer l'hiver en terre et de le remplacer par une céréale de printemps. Le rendement du panais est moins fort que celui de la carotte, aussi on croit la culture de cette dernière plus avantageuse.

De la Betterave fourragère.

D. Qu'est-ce la betterave?

R. C'est une plante bisannuelle, à tige herbacée, à racine tubéreuse, de la famille des chénopodées, ou des arroches, ou des atriplicées.

D. Que signifient les mots chénopodées, arroches ou atriplicées?

R. On a donné aux plantes de cette famille le nom de chénopodées, parce que la forme de leurs feuilles a du rapport avec celle d'une patte d'oie. Les noms d'atriplicées et arroches viennent de l'atripleix et de l'arroche : deux plantes qui font partie de cette famille et qui en sont les principaux tipes.

D. Quelles sont les variétés de betteraves ordinairement cultivées comme fourrage?

R. Ce sont la rouge dite *disette* et la jaune dite *de Silésie.* La betterave de Silésie est beaucoup plus nutritive que la disette; mais elle est moins rustique et moins productive, et demande une terre meilleure. Ainsi, nous pensons que, dans les terres médiocres, et quand on n'est pas très-exercé à la culture de la betterave, il faut préférer la disette. On cite aussi comme très-bonne, une variété dite *glob-jaune.*

D. Comment cultive-t-on la betterave?

R. Il y a deux manières de la cultiver : en place ou repiquée. Quelle que soit la méthode qu'on adopte, il faut préparer la terre comme pour les autres récoltes sarclées.

D. Comment se fait la culture en place?

R. On sème au semoir en rayons espacés d'environ 75 centimètres, et on recouvre par un coup de herse. Les rayons doivent avoir environ deux centimètres de profondeur. On éclaircit, au premier sarclage, en laissant quatre à cinq centimètres entre chaque plant. Enfin, au second sarclage, on éclaircit à demeure, en laissant au moins trente centimètres entre les plants. En éclaircissant graduellement, on risque moins d'avoir des vides dans les rangs.

Pour les pépinières où l'on cultive le plant pour repiquer, on sème de la même manière et on ne met que vingt à vingt-cinq centimètres entre les rangs. L'étendue des pépinières doit être à peu près égale au dixième de celle des terres à planter. On peut aussi éclaircir les pépinières et y laisser des plants à demeure.

D. Comment transplante-t-on ?

R. On plante au plantoir, en rayons espacés, comme dans la culture en place, et en laissant trente centimètres entre les plants. Il faut avoir soin de faire les trous assez profonds, pour que la racine ne soit pas ployée, et de presser fortement la terre aux pieds des plants.

Les soins d'entretien sont les mêmes que pour les carottes.

D. Quelles terres conviennent aux betteraves ?

R. Les betteraves veulent une terre de consistance moyenne, plutôt forte que légère, bien fumée, bien meuble et bien nette. Elles peuvent donner des produits passables sur une terre légère, suffisamment profonde.

D. Peut-on cueillir les feuilles de betteraves pour les faire consommer comme fourrage vert ?

R. D'après ce qui a été dit sur les fonctions des feuilles, il est évident que, si on les enlève avant la complète maturité de la plante, on nuit à son développement, et on diminue considérablement le rendement en racines. Ces feuilles ne sont guère plus nutritives que la tige de pommes de terre ; il y a, par conséquent, fort peu d'avantage à les cueillir. Si , par suite de disette de fourrages , on se trouvait forcé de recourir à ce triste moyen d'alimentation , il faudrait au moins attendre que les feuilles jaunissent , et ne jamais prendre celles du collet.

Quand et comment récolte-t-on les betteraves?

R. Les betteraves , ne pouvant être conservées lorsqu'elles ont été atteintes par les gelées , il faut les extraire, au plus tard , dans la dernière quinzaine d'octobre. On les arrache à la main ; on les débarrasse le plutôt possible de la terre , sans les heurter ni les meurtrir , et on casse les feuilles le plus près possible du collet , puis on les met en celliers , ou en silos , comme les pommes de terre.

Des Navets.

D. Qu'est-ce que le navet ?

R. C'est une plante bisannuelle , à tige herbacée , à racine tubéreuse , de la famille des *crucifères* et du genre *brassica*.

D. Qu'appelle-t-on crucifères ?

R. On appelle crucifères , les plantes dont la fleur contient quatre petales disposées en croix , comme les navets , les choux , la moutarde , le colza , etc. Les graines des plants de cette famille , sont renfermées dans des enveloppes allongées et étroites , qu'on appelle siliques.

Quelles sont les variétés les plus cultivées comme fourrages ?

R. Ce sont le blanc à collet vert , dit *turneps* ; le navet de *Norfolck* violet , le *rutabaga* , ou navet de Suède , etc.

D. Quelles sont les terres qui conviennent aux navets ?

R. Les navets réussissent dans presque toutes les terres ; cependant , ils préfèrent une terre légère et un peu fraîche. La terre doit être bien meuble, bien fumée et bien nette de mauvaises herbes. Les grandes sécheresses leur sont nuisibles.

D. Comment cultive-t-on les navets ?

R. Après avoir préparé la terre, comme il a été dit pour les autres plantes sarclées, on sème au semoir, en rayons espacés de 75 centimètres, et on recouvre le plus légèrement possible avec la chaîne du semoir.

Il faut semer un peu épais, pour parer aux dégats qui pourraient être occasionnés par les pucerons, qui sont des ennemis redoutables pour les plantes de la famille des crucifères. On sème environ deux kilogrammes de graine par hectare.

D. N'y a-t-il pas d'autre manière de cultiver les navets ?

R. Quand on ne peut disposer que d'une petite quantité de fumier, on trace avec le buttoir des rayons, espacés de 75 centimètres de milieu à milieu, on y met le fumier, puis on rabat la terre, et on sème sur le milieu du rayon. Cette méthode peut être appliquée à toutes les plantes cultivées pour leurs racines.

D. A quelle époque sème-t-on ?

R. On peut semer, dans nos contrées, depuis la fin de mai jusqu'à la mi-août.

D. Quels sont les soins d'entretien à donner aux navets ?

R. Ils sont les mêmes que pour les autres racines. On éclaircit au premier sarclage, de manière à laisser 15 à 20 centimètres entre chaque plant.

D. Comment cultive-t-on le rutabaga ?

R. Il y a deux manières de le cultiver : en place ou repiqué. Quand on le cultive en place, on le sème et on l'éclaircit comme les autres navets ; on sème vers la mi-mai. Quand on le repique, on sème du 15 mars au 15 avril, et on le transplan- te comme les betteraves.

D. Comment récolte-t-on et conserve-t-on les navets ?

R. On les récolte comme les betteraves ; on coupe les feuilles au ras du collet. Dans les par- ties de nos départements qui sont sur les côtes, on peut, sans inconvénient, laisser les navets pas- ser l'hiver en terre. Ordinairement, on les tire vers la mi-octobre, et on les met en tas sur une couche de paille. Ces tas ne doivent pas être trop épais, car ils se pourrissent facilement. La meil- leure manière de les conserver, est de les mettre en terre ; on trace un sillon à la charrue, on y place les navets, la racine en bas, les uns auprès les autres, on donne un second coup de charrue qui ouvre un nouveau sillon, et dont la terre cou- vre les navets mis dans le premier, et on conti- nue ainsi jusqu'à ce qu'on ait formé une planche de sept à huit mètres. On creuse entre chaque planche une profonde rigole d'écoulement.

Les rutabagas peuvent être conservés très-bien en silos.

Du Topinambour.

D. Qu'est-ce que le topinambour ?

R. C'est une plante annuelle, à tige herbacée, à racine tuberculeuse, de la famille des radiées (1). et du genre *heliantus*. Ses tubercules sont un ex- cellent fourrage : on peut aussi faire manger ses feuilles ; mais alors il y a diminution dans le pro- duit en tubercules. Ses tubercules sont aussi em-

(1) Les radiées sont des plantes dont la corolle est compo- sée de rayons, comme dans la marguerite, le tournesol, etc.

ployés à la nourriture des hommes ; lorsqu'ils sont cuits , leur saveur a beaucoup d'analogie avec celle des artichauts ; aussi quelques jardiniers leur donnent le nom d'artichauts de Jérusalem.

D. Quelles terres conviennent aux topinambours ?

R. Ils réussissent dans toutes les terres , pourvu qu'elles ne soient pas trop mouillées ; cependant, on croit que les sols schisteux leur conviennent moins que les autres.

D. Comment les topinambours se reproduisent-ils et comment les cultive-t-on ?

R. Ils se reproduisent par leurs tubercules et cette reproduction est tellement facile , que le moindre petit tubercule qui reste dans la terre suffit pour cela ; aussi, il est presqu'impossible d'en débarrasser les terres où on les a cultivés ; c'est pour cela qu'ils ne peuvent entrer dans les rotations d'assolement et qu'on est obligé de les cultiver sur des terrains à part.

On les cultive comme les pommes de terre et on les sème pendant les mois de mars , avril et mai.

D. Comment les récolte-t-on et comment les conserve-t-on ?

R. On les récolte vers la fin d'octobre : on opère comme pour les pommes de terre. Comme ils ne craignent nullement les gelées, on pourrait facilement les laisser passer l'hiver en terre. On peut les mettre sous un hangar ou dans un cellier sans aucune précaution.

Les tiges sèches sont très-bonnes pour brûler.

Des Porte-Graines.

D. Comment se procure-t-on les graines des racines fourragères ?

R. On choisit, pour porter la graine, les raci-

nes les mieux conformées et qui présentent le
mieux les caractères particuliers de l'espèce. On
coupe les feuilles à 4 ou 5 centimètres au-dessus
du collet et on les conserve en magasin , à l'abri
des gelées , jusqu'au moment de la plantation.

D. Dans quelle terre doit-on placer les porte-
graines ?

R. On doit choisir une terre de consistance
moyenne , bien fumée et bien nette. On laboure à
la bêche.

D. A quelle époque plante-t-on ?

R. On plante les navets et les rutabaga en décembre , les carrottes et betteraves en février. On
plante à 75 centimètres en tous sens.

D. N'y a-t-il pas quelques précautions à prendre
relativement aux porte-graines ?

R. Il ne faut jamais placer les plantes de même
famille les unes auprès des autres , encore moins
les variétés d'une même espèce ; ainsi, on écartera
le plus possible les porte-graines de navets de ceux
des choux et des champs de colza. On ne placera
pas les uns auprès des autres deux espèces de navets , ni deux espèces de choux , ni deux espèces
de carottes , etc.

D. Pourquoi doit-on éloigner les porte-graines
des plantes de même famille les uns des autres ?

R. Parce que si le pollen des unes était porté
par le vent sur les pistils des autres , il en résulterait des plantes bâtardes, qui tiendraient des
deux espèces et qui ne rempliraient pas le but
qu'on se propose. Les graines de ces sortes de
plantes , qu'on appelle hybrides , sont ordinairement inféecondes.

D. Comment récolte-t-on les graines ?

R. Il ne faut récolter les graines que lorsqu'elles
sont bien mûres. On récolte les graines de choux

et de navets, etc., comme le colza ; il faut avoir soin de bien trier les mauvaises herbes. Les graines de betteraves et de carottes se coupent à environ trente centimètres de hauteur. On les lie par paquets et on les suspend dans un lieu sec et aéré ; puis, on les égraine à la main pendant les mauvais jours ou les longues soirées d'hiver. Il faut frotter fortement la graine de carottes pour la débarrasser des poils dont elle est hérissée. Quand elle n'a pas été frottée, elle se pelotonne dans le semoir et ne se sème pas régulièrement.

On doit apporter les mêmes soins à récolter les graines de prairies artificielles, soit graminées, soit légumineuses, et ne pas cultiver non plus les unes près des autres les plantes de même famille.

Essais de culture de plantes nouvelles.

D. Que doit-on faire quand il s'agit d'essayer la culture d'une nouvelle plante ?

R. Quand on veut essayer la culture d'une plante qui n'est pas cultivée dans le pays, il faut faire les essais de manière à ne pas s'exposer à de grandes pertes en cas de non-réussite, mais cependant assez en grand pour pouvoir juger du résultat. Il faut s'enquérir avec soin de la nature du sol qui lui convient et du mode de culture. La condition essentielle pour ne pas être induit en erreur, c'est de ne pas mieux traiter la plante dans l'essai en petit, tant sous le rapport du terrain que sous celui de l'engrais et des façons, qu'on ne pourra le faire quand elle sera cultivée en grand. Beaucoup d'essais ont induit les agriculteurs en erreur, parce qu'on n'avait pas eu assez égard à ce principe.

CHAPITRE XII.

DES PLANTES INDUSTRIELLES.

D. Dans quel cas peut-on introduire la culture des plantes industrielles dans une exploitation?

R. Les plantes industrielles étant très-épuisantes et ne produisant rien qui puisse être employé à faire de l'engrais, du moins en quantité suffisante pour remplacer celui qu'elles ont consommé, ne doivent être cultivées que dans les exploitations dont les terres ont déjà acquis un haut degré de fertilité et qui possèdent un excédant d'engrais dont on peut disposer sans nuire en rien aux autres cultures.

D. Quelles sont les plantes industrielles qu'on doit préférer?

R. Ce sont celles qui conviennent le mieux au climat et au sol et qui se vendent le mieux dans le pays. Il y a toujours peu d'avantage à cultiver les denrées qui ne conviennent qu'à un très-petit nombre d'acheteurs.

Plantes Oléagineuses.

D. Qu'est-ce que le colza?

R. C'est une plante annuelle, à tige herbacée, à graine oléagineuse, de la famille des crucifères et du genre *brassica*. C'est une espèce de choux.

D. Combien cultive-t-on d'espèces de colza?

R. Deux, le colza d'hiver et le colza de printemps, qui n'est qu'une variété du précédent. Le colza d'hiver est plus estimé que le colza de printemps, parce que sa graine contient beaucoup plus d'huile.

D. Quelles sont les terres qui conviennent au colza ?

R. Le colza aime une terre de consistance moyenne, plutôt légère que trop compacte ; il réussit même sur presque tous les sols, pourvu qu'ils soient bien nets, bien égouttés et abondamment fumés. Cette plante est très-épuisante et craint, par-dessus tout, l'humidité.

D. Comment cultive-t-on le colza ?

R. Il y a deux manières de le cultiver, en semis pour repiquer ou en place. Le colza de printemps se cultive toujours en place.

D. Comment fait-on les semis ?

R. Vers la mi-juillet on sème, à la volée, sur une terre bien préparée, bien fumée et un peu fraîche, à raison de quatre litres de graine à l'hectare : il faut semer dru, afin d'avoir du plant effilé, car le plant long est le meilleur pour la plantation à la charrue. La graine de colza doit être enterrée à un ou deux centimètres de profondeur. Le semis doit avoir environ le huitième de l'étendue à transplanter. On transplante quand le plan a atteint à peu près la grosseur d'un fort tuyau de plume.

D. Comment prépare-t-on la terre pour repiquer le colza ?

R. Aussitôt après l'enlèvement des céréales, on donne un déchaumage énergique à l'extirpateur ou à la herse ; puis, environ quinze jours après, on donne un profond labour à la charrue, après lequel on roule et on herse. Lorsque le moment de planter est arrivé, on fume et on enterre le fumier en plantant le colza à la charrue.

D. Comment plante-t-on ?

R. Quelquefois on plante au plantoir ou à la bêche ; mais ces deux modes de plantation étant très-coûteux , nous ne parlerons que de la plantation à la charrue.

On ouvre au milieu de la planche deux raies , espacées de la largeur d'un trait de charrue, dans lesquelles quatre ou cinq femmes ou enfants placent les plants , en les espaçant de 25 à 30 centimètres ; on continue ainsi à planter dans toutes les raies. On fait suivre la charrue d'une personne qui découvre les plants trop enterrés et qui recouvre ceux qui ne sont pas assez couverts.

D. Comment se fait la culture en place ?

R. Après avoir préparé la terre , comme il a été dit, pour le repiquage, on sème en rayons, espacés de 25 à 30 centimètres : on sème vers la mi-août. Quand le plant est assez fort pour qu'on n'ait plus à craindre les pucerons, on éclaircit de manière à laisser 25 à 30 centimètres entre les plants.

D. Quels sont les soins d'entretien à donner au colza ?

R. Il faut avoir soin de bien curer les rigoles d'écoulement du colza d'hiver , de manière qu'il n'y reste jamais d'eau stagnante. On sarcle et on bine avant que le colza commence à monter. Lorsque le colza est monté , il ne faut plus y entrer afin de ne pas briser les tiges.

D Quand faut-il récolter le colza ?

R. On doit le couper au moment où la majeure partie des siliques commence à jaunir. Il est très-important de bien saisir le moment convenable pour couper , car , si on coupe trop tôt , la graine est de mauvaise qualité , et , si on coupe trop tard, on en perd considérablement.

D. Que fait-on quand le colza est coupé ?

R. On le met en tas ronds , d'un diamètre égal à deux longueurs de tiges ; on met la graine en-dedans : lorsque les tas ont un mètre cinquante de hauteur, on les couvre avec un peu de paille ou toute autre matière pour empêcher les oiseaux de manger la graine et on les laisse ainsi jusqu'à ce que la graine ait pris une belle couleur noire.

D. Comment bat-on ?

R. Si on veut avoir de la graine bien conditionnée, il faut battre sur toile ; pour cela, il faut avoir soin de placer les tas de manière à former un carré dont l'intérieur soit égal à la grandeur de la toile ; on arrache les troncs, qui pourraient percer cette toile ; puis, on l'étend et on renverse les tas dessus au moyen de deux bâtons qu'on passe dessous. En opérant ainsi, on évite le transport des tas, qui fait toujours perdre beaucoup de graine. On bat au fléau. Quand on veut transporter le colza sur l'air, il faut le transporter au moment où on le coupe.

D. Comment traite-t-on la graine après le battage ?

R. Après l'avoir séparée des siliques, on l'étend sur un plancher en couche fort mince et on la remue, deux fois par jour, jusqu'à ce qu'elle soit bien sèche ; puis, on la passe au ventilateur et on la met en tas comme les céréales.

De la Navette.

D. Qu'est-ce que la navette ?

R. C'est une plante oléagineuse, annuelle, à tige herbacée, de la même famille et du même genre que le colza.

D. Quelles terres conviennent à la navette ?

R. La navette vient dans les terres même les plus légères, pourvu qu'elles soient passablement fumées et qu'elles conservent un peu de fraîcheur.

D. Comment cultive-t-on la navette ?

R. On sème à la volée, du 15 août au 30 sep

tembre, à raison de six litres de graine par hectare.
Il y a une variété de printemps qui se sème en mai.
La navette se récolte comme le colza.

De l'œillette.

D. Qu'est-ce que l'œillette ?

R. C'est une plante annuelle, quelquefois bisannuelle, de la famille des papaveracées et du
genre pavot. Le mot papaveracées veut dire qui
tient du pavot.

La culture de l'œillette est très-coûteuse et la récolte en est très-difficile ; aussi cette culture est
rarement avantageuse.

D. Quelles terres conviennent à l'œillette ?

R. L'œillette veut une terre de consistance
moyenne, bien meuble et bien fumée ; les terres
trop argileuses ne lui conviennent pas.

D. Quand et comment sème-t-on ?

R. On sème à diverses époques, depuis le commencement d'octobre jusqu'à la fin de mars ; on
sème ordinairement à la volée, à raison de 2 à 3
kilos par hectare. On doit couvrir la graine le
moins possible. On sème en lignes espacées d'environ 30 centimètres.

D. Quels sont les soins d'entretien nécessaires à
l'œillette ?

R. On sarcle et on bine autant de fois que cela
est nécessaire ; on éclaircit au second sarclage ; on
laisse vingt centimètres entre les plants.

D. Comment récolte-t-on l'œillette ?

R. Les uns arrachent les tiges et en forment des
faisceaux ; les autres coupent les têtes et les trans-
portent sur des toiles. On bat sur toile, au fléau,
et on conserve la graine comme le colza.

On reconnaît que l'œillette est mûre, lorsque les
capsules ont une couleur grise.

De quelques autres Plantes Oléagineuses.

D. N'y a-t-il pas quelques autres plantes oléagineuses ?

R. On cultive encore, comme plantes oléagineuses, la cameline, la moutarde blanche, la julienne, etc. On extrait aussi de l'huile des graines de choux, de navets, de raves, de lin, de chanvre, des fruits de l'olivier, des noix, des noisettes, des faînes, des pépins de pommes et de poires, etc.

On extrait aussi de l'huile de la graine d'une plante nouvellement importée d'Amérique et connue sous le nom de *madia sativa*. Le madia sativa, que l'auteur de ce livre a cultivé en Bretagne, paraît convenir très-bien à la culture de notre pays : il est peu difficile sur la nature du terrain.

D. Comment cultive-t-on le madia sativa ?

R. On le sème, en mai, en lignes espacées de 25 à 30 centimètres, et on le récolte en août et septembre. On reconnaît qu'il est mûr, lorsque le grain est d'un beau gris argenté. Cette plante n'a pas, comme les autres plantes oléagineuses, l'inconvénient d'être mangée par les oiseaux : l'odeur très-forte de ses feuilles les empêche d'en approcher.

L'huile de madia peut être employée en cuisine quand elle a été soigneusement préparée.

Si les fabricants d'huile de la Bretagne voulaient employer la graine de madia, la culture de cette plante, facile à cultiver, et n'occupant la terre que peu de temps, serait une richesse pour notre pays, car elle vient dans des terres très-médiocres et paraît peu épuisante.

CHAPITRE XIII.

Suite des Plantes Industrielles.

DES PLANTES TEXTILES.

Du Chanvre.

D. Qu'est-ce que le chanvre ?

R. Le chanvre est une plante annuelle, à tige herbacée, à écorce textile, à graine oléagineuse, de la famille des *Urticées* et du genre *Canabis.* Cette plante est *Dioïque*, c'est-à-dire que les fleurs mâles, celles qui portent les étamines, sont sur des tiges différentes de celles qui portent les fleurs femelles, celles qui contiennent les pistils.

Le chanvre mâle est celui qui ne porte pas de graine et que nos cultivateurs appellent femelle.

D. Quelles terres conviennent au chanvre ?

R. Le chanvre veut une terre compacte, fraîche, riche et bien nette ; les terres d'alluvion lui conviennent beaucoup. On donne le nom de chenevières aux champs où on cultive le chanvre. Quand une chenevière est bien préparée, on peut y cultiver le chanvre à perpétuité.

D. Comment prépare-t-on le terrain ?

R. On donne un profond labour avant l'hiver ; puis, vers le mois de février, on roule et on herse et on donne un second labour suivi d'un nouveau roulage et d'un nouveau hersage ; vers la fin de mars, on fume et on enterre le fumier par un troisième labour à la charrue, après lequel on herse à décrocher, pour ne pas ramener le fumier à la surface.

Dans quelques parties de la Bretagne, on fume au premier labour ; puis, on sème une céréale pour couper en vert ; aussitôt après la coupe de cette céréale, on bêche et on sème le chanvre. C'est un bon moyen d'utiliser les chenevières quand elles sont riches et bien nettes.

D. Quand sème-t-on le chanvre et quelle quantité sème-t-on ?

R. Dans nos contrées, on sème du 15 avril au 15 mai, à raison de 3 à 4 hectolitres par hectare.

D. Comment sème-t-on ?

R. On divise le terrain en planches de deux à trois mètres, entre lesquelles on laisse un passage de 25 à 50 centimètres pour pouvoir arracher facilement le chanvre mâle, qui mûrit environ un mois avant le chanvre femelle ; puis, on sème à la volée et on recouvre à la herse.

D. Quand et comment doit-on récolter le chanvre ?

R. On arrache le chanvre mâle aussitôt que les fleurs sont passées et le chanvre femelle lorsque la graine est d'un beau gris argenté. Lorsque l'extraction est terminée, on égraine le chanvre ; puis, on le lie par bottes et on le fait rouir, comme il sera dit, ci-après, pour le lin.

D. Quel est l'emploi de la graine ?

R. Celle qui n'est pas employée pour la semence se vend aux fabricants d'huile.

Du Lin.

D. Qu'est-ce que le lin ?

R. C'est une plante annuelle, herbacée, à écorce textile, à graine oléagineuse, de la famille des linées et du genre *Linus*.

D. Cultive-t-on plusieurs espèces de lin ?

R. On en cultive deux espèces, le lin de printemps et le lin d'hiver ; chacune de ces deux espèces comprend plusieurs variétés ; celles qui sont préférées dans nos contrées sont celles de Liébeau et de Riga ; on y cultive aussi celles de Zélande et de Flandre, qui se vendent moins cher que la première. On sème quelquefois les graines récoltées dans le pays, mais le plus ordinairement on renouvelle les graines chaque année. Ces diverses variétés peuvent être semées, suivant nous, comme lin d'hiver ou comme lin de printemps.

D. Pourquoi faut-il renouveller les graines tous les ans ?

R. Parce que, pour obtenir de bonne filasse, il faut semer épais et arracher avant la maturité de la graine. Cette culture fait nécessairement dégénérer la graine, qui n'est réellement bonne pour semence qu'autant qu'elle a été récoltée bien mûre et qu'elle est venue sur des plantes non-étiolées.

D. Ne pourrions-nous pas récolter de bonne graine dans notre pays ?

R. Il est probable qu'on y réussirait en semant très-clair et en laissant parfaitement mûrir la graine ; mais la filasse provenant de ce lin serait de mauvaise qualité. On pourrait employer le même procédé pour récolter de bonne graine de chanvre : le chanvre serait aussi de qualité inférieure.

D. Quelles sont les terres qui conviennent au lin?

R. Il peut être cultivé sur toutes les terres, pourvu qu'elles soient riches, nettes et bien égouttées ; cependant, les terres de consistance moyenne lui conviennent mieux que les terres trop compactes ou trop légères.

D. Quelles sont les cultures après lesquelles le lin réussit le mieux ?

R. Le lin réussit bien sur un défrichement de prairie, de luzerne, de trèfle ; mais la place qui lui convient le mieux est après une culture sarclée et fumée. Sur nos côtes, on le cultive souvent après l'avoine, qui a succédé au froment, et on obtient de bons produits quand les terres ne sont pas trop sales ; mais alors on fume abondamment avec du goëmon ou des engrais pulvérulents ; cette métho-de doit , dans tous les cas , nécessiter des sarclages très-coûteux.

D. Le lin peut-il revenir souvent sur le même sol ?

R. Le lin est très-effritant et ne peut être cultivé sur le même sol que tous les cinq à six ans.

D. Tous les engrais conviennent-ils au lin ?

R. Les engrais pulvérulents sont ceux qui lui conviennent le mieux, parce qu'on peut facilement les répandre également sur le terrain. Plusieurs cultivateurs emploient le fumier ; mais c'est une mauvaise méthode quand on l'applique immédiatement au lin , car , comme il ne peut être également épandu sur toute la surface du terrain , il en résulte des inégalités dans la végétation qui nuisent à la qualité du lin , qui se couche dans certaines parties où il est trop épais et devient gros et branchu dans les parties où il est trop clair. Quand on veut fumer avec du fumier, il vaut mieux appliquer la fumure à la culture qui précède le lin. Quelquefois, on met le fumier en couverture, ce qui présente moins d'inconvénient.

D. Comment prépare-t-on la terre pour le lin de printemps ?

R. Dans nos contrées , quelques cultivateurs la bêchent, au mois de décembre, sans briser les mottes ; puis, au moment de la semaille , ils ameublissent la surface à la houe , à une profondeur de huit à dix centimètres. Quand ils fument, ils épandent le fumier avant le second labour et ils l'enterrent à la houe.

Voici la méthode qui nous semble la meilleure et la moins coûteuse : On prépare la terre comme pour les racines fourragères ; puis, après le second labour, si la terre est sale , on donne un coup d'extirpateur et on fait ramasser les mauvaises herbes avec des râteaux à main ; au moment de la semaille, on donne un léger labour à la charrue ; puis , on roule et on herse. La profondeur de ce labour ne doit pas être de plus de huit à dix centimètres.

D. Comment prépare-t-on la terre pour le lin d'hiver ?

R. Si on sème après une céréale , on la prépare comme pour repiquer le colza ; quand on sème après une culture de racines, un léger labour suffit ; on pourrait même semer sur un simple coup d'extirpateur.

D. Quand sème-t-on le lin ?

R. Dans nos contrées , on sème du 15 mars au 15 avril. Sur nos côtes , où les gelées tardives sont moins à craindre , on pourrait semer plus tôt. On sème le lin d'hiver pendant tout le mois d'octobre.

D. Quelle quantité de graine sème-t-on ?

R. La quantité de semence varie suivant l'espèce de graine qu'on sème, suivant la qualité de filasse qu'on veut produire et suivant l'état de fertilité et de propreté des terres. Les graines étrangères se sèment moins épais que les graines du pays , car elles sont moins sujettes à manquer. Plus on veut obtenir de finesse dans la filasse , plus il faut semer épais ; enfin, plus les terres sont riches et propres, moins il faut semer de graine. On sème , en moyenne, de deux cent à deux cent cinquante kilogrammes à l'hectare de graines étrangères et environ trois cent kilogrammes de graines du pays.

D. Comment sème-t-on ?

R. On sème à la volée , le plus également possible , et on couvre par un léger hersage.

D. Quels sont les soins d'entretien à donner au lin ?

R. Il faut veiller à la destruction des taupes ; puis, quand le lin a atteint environ un décimètre de hauteur, on le sarcle. Il ne faut pas craindre de marcher dessus, pourvu qu'on soit nu-pieds. Quand la sécheresse se prolonge, il est bon de faire passer sur le lin, immédiatement après le sarclage, un rouleau léger traîné par des hommes marchant nu-pieds.

D. Comment reconnaît-on la maturité du lin ?

R. On reconnaît que le lin est mûr, quand les feuilles sont tombées, quand la majeure partie de la tige est jaune et quand la graine commence à prendre une teinte brune.

D. Comment récolte-t-on le lin ?

R. On l'arrache en réunissant vingt à trente brins, on sépare les mauvaises herbes et les tiges mortes, puis on le pose sur le sol. On l'étend ensuite, au soleil, pendant quinze jours à trois semaines ; puis, on l'égraine avec un peigne ou égrugeoir et on le met à rouir.

Dans nos contrées, on l'égraine aussitôt arraché et on le porte au routoir. La première méthode est préférable.

D. Pourquoi fait-on rouir le lin ?

R. C'est pour faire dissoudre par l'eau une matière gommo-résineuse qui empêche la filasse de se séparer de la tige ou chenevotte.

Il y a plusieurs méthodes de rouissage : la plus usitée est le rouissage à l'eau. On rouit aussi à l'air et dans la terre. On a essayé plusieurs procédés chimiques de rouissage dont les résultats ne sont pas encore bien connus.

D. Comment se fait le rouissage à l'eau ?

R. On lie le lin en bottes de trois ou quatre poignées ; puis, on le place dans le routoir et on le fixe avec des perches et des planches, sur lesquelles on met des pierres, de manière qu'il soit constamment couvert d'eau. Les uns disent de placer les bottes debout, la racine en bas ; les autres veulent qu'elles soient placées horizontalement. L'important est qu'elles soient submergées suffisamment.

Les meilleurs eaux pour le rouissage sont les eaux douces stagnantes ; il ne faut jamais y employer les eaux ferrugineuses ou contenant d'autres matières minérales. Quand on est forcé d'employer l'eau de source, il faut la faire séjourner dans le routoir pendant une quinzaine de jours avant d'y mettre le lin.

Les routoirs doivent être placés de manière qu'on puisse en écarter les eaux courantes. Il ne doit pas y avoir de sources dans leur intérieur. On doit éviter avec soin de les creuser dans un terrain ferrugineux. Il faut les nettoyer avec soin avant d'y mettre le lin. Les meilleurs sont ceux dont le fond est pavé et dont les bords sont en maçonnerie. On peut aussi faire rouir en rivière, mais les routoirs sont préférables.

D. Comment reconnaît-on que le rouissage est terminé ?

R. Il est important de surveiller attentivement le rouissage, dont la durée varie suivant la qualité des eaux, l'état de la température et le temps que le lin a passé sur le champ avant d'être mis au routoir. Le rouissage peut être terminé au bout de vingt-quatre heures et peut aussi durer plusieurs jours. Il faut examiner le lin plusieurs fois par jour, car quelques heures de rouissage de trop peuvent faire perdre à la filasse la majeure partie de sa qualité. On reconnaît que le rouissage est terminé, quand, en froissant quelques brins entre les mains, la filasse s'en détache dans toute sa longueur. Aussitôt que le lin est à ce point, il faut se hâter de le tirer du routoir.

D. Que fait-on ensuite ?

R. On tire les bottes du routoir, on les lave avec soin et on les place de manière qu'elles puissent s'égoutter. Aussitôt qu'elles sont égouttées, on étend le lin, en couches minces, sur une prairie récemment fauchée ou sur un gazon ras. Quand il est sec, on le met en bottes ; puis, on le conserve dans un lieu sec. Dans quelques contrées, on le laisse pendant une quinzaine de jours à la rosée pour le blanchir et rendre la filasse plus douce. Cette méthode a les mêmes inconvénients que le rouissage à l'air.

Il est très-important, dans toutes les manipulations qu'on fait subir au lin, soit avant, soit après le rouissage, de ne jamais mêler les têtes et les racines et de lui conserver son parallélisme (de le maintenir droit) : ces deux conditions sont indispensables pour qu'il soit propre à la filature mécanique, qui, avant peu de temps, sera le seul moyen de débouché.

D. Comment fait-on le rouissage à l'air, dit serainage ou rorage ?

R. Aussitôt que le lin est égrainé, on l'étend, en couches très-minces, sur une herbe courte et on le laisse ainsi exposé à l'action de l'air, de la rosée, de la chaleur et de la pluie ; quand la partie inférieure est rouie, on le retourne. Quand le rouissage est terminé des deux côtés, on le met en bottes par un temps sec et on le rentre.

Cette méthode de rouissage, qui dure de trois à six semaines et quelquefois plus longtemps, expose à de grandes pertes quand il survient des pluies de longue durée ou de trop fortes chaleurs ; aussi le rouissage à l'eau doit être préféré, quand il est possible.

D. Comment se fait le rouissage en terre ?

R. .

R. Cette méthode de rouissage est encore peu connue et n'a pas, je crois, été essayée dans nos contrées ou du moins les résultats n'ont pas été publiés. Il serait à désirer, dans l'intérêt de la salubrité, qu'elle fût essayée et que les résultats fussent connus. Voici comme on opère : On creuse, dans un sol autant que possible argileux et non ferrugineux, une fosse d'environ un mètre de profondeur, dans laquelle on place les bottes horizontalement ; on couvre la fosse d'une couche de terre d'environ trente centimètres ; puis, on arrose fortement. L'opération dure le double du rouissage à l'eau et demande la même surveillance. Quand on reconnaît que le rouissage est terminé, on découvre la fosse et on la laisse découverte pendant quelque temps, afin de laisser évaporer l'acide carbonique, qui pourrait nuire aux ouvriers ; puis, on retire le lin, on le lave et on le sèche comme celui qui a été roui à l'eau.

D. Comment se fait le rouissage du chanvre ?

R. Il se fait comme celui du lin ; seulement, il dure plus longtemps. Dans quelques pays, on coupe la racine du chanvre avant de le mettre à l'eau.

D. Quels sont les meilleurs procédés de teillage ?

R. Les procédés de teillage sont très-nombreux. On teille avec des machines ou à la main. Les propriétaires qui font exploiter par des journaliers ont plus d'avantage à faire teiller à la mécanique. Ceux qui ont plusieurs domestiques et les cultivateurs fermiers qui ont une famille nombreuse peuvent faire teiller à la main : c'est un moyen d'occuper leur personnel pendant les mauvais temps.

Les procédés employés dans le pays sont généralement mauvais ; aussi on y substitue maintenant le teillage flamand, qui est enseigné, sur plusieurs points des départements du Finistère et des Côtes-du-Nord , par des ouvriers habiles que la Société linière du Finistère et l'administration de ces deux départements ont fait venir du département du Nord , où l'industrie linière est très-perfectionnée.

D. Comment faut-il traiter la graine ?

R. On la fait sécher au soleil jusqu'à ce qu'elle ait atteint une teinte d'un brun foncé ; puis, on la bat et on la met sur un plancher en couche fort mince : on la remue de temps en temps. Quand elle est sèche , on la met dans des sacs ou mieux dans des tonneaux.

D. N'y a-t-il pas d'autres plantes textiles :

R. Le lin et le chanvre sont les seules plantes textiles cultivées dans nos contrées. Mais il y en a plusieurs autres , telles que le coton , le lin de la Nouvelle-Zelande , appelé aussi *formium tenax* , l'agave ; ces plantes ne réussissent que dans les pays chauds.

On peut aussi tirer de la filasse de certaines orties , de certaines mauves , de l'écorce du genêt d'Espagne et de celle du tilleul.

D. Que fait-on des graines de lin et de chanvre non destinées à la semence ?

R. Ces graines étant, comme on l'a dit plus haut , oléagineuses, on les vend aux fabricants d'huile , et on en obtient souvent un bon prix , quand on a eu soin de les récolter convenablement.

CHAPITRE XIV.

DES PLANTES POTAGÈRES.

D. Qu'appelle-t-on plantes potagères ?

R. Les plantes potagères , qu'on appelle vulgairement légumes , sont destinées à la nourriture de l'homme. Le plus ordinairement , elles sont cultivées dans les jardins ; cependant, elles peuvent être cultivées en grand quand la ferme est placée près d'un grand centre de consommation.

Quelquefois, la culture des légumes prend le nom de culture *maraîchère*.

D. Quelles sont les plantes potagères le plus ordinairement cultivées en grand dans nos contrées ?

R. Ce sont les carottes rouges, les navets potagers, qui se cultivent comme les carottes et navets à fourrages ; les fèves, les pois, les haricots, les choux pommés, les ognons, les artichauds, les asperges, les choux fleurs, etc.

Des Fèves.

D. Qu'est-ce que les fèves ?

R. Ce sont des plantes annuelles, à tiges herbacées, de la famille des légumineuses et du genre *faba.*

Il y a une variété plus petite qu'on appelle féverolle.

Les féverolles sont le plus ordinairement cultivées, pour les bestiaux ; cependant, on les emploie aussi à la nourriture des hommes, et la marine de l'Etat en fait consommer une assez grande quantité. Les matelots les appellent *gourganes.*

D. Que signifie le mot légumineuses ?

R. Les botanistes appellent légumineuses, les plantes dont la fleur a la forme d'un papillon ; comme celle des pois, des genêts, de l'accacia, etc., et dont la graine est renfermée dans une longue enveloppe, qu'on appelle gousse, ou légume.

D. Quelles terres conviennent aux fèves ?

R. Les fèves veulent une terre compacte, riche et bien nette. Elles ont la propriété d'ameublir les terres lourdes, et elles sont une très-bonne préparation pour le froment et pour toutes les autres céréales.

D. A quelle époque sème-t-on les fèves ?

R. Dans nos contrées, on sème depuis la mi-février jusqu'en avril.

D. Quelle quantité sème-t-on par hectare?

R. Deux à trois hectolitres.

D. Comment sème-t-on les fèves?

R. Les cultivateurs de notre pays sèment les fèves au plantoir, et les féverolles à la volée, et couvrent au rateau. Nous pensons qu'il vaut mieux suivre la méthode ci-après :

Après avoir préparé la terre, comme il a été dit pour les autres récoltes sarclées et fumées, on trace, avec le rayonneur ou avec le butteur, ou, à défaut de ces deux instruments, avec la houe à main, des rayons espacés de cinquante à soixante centimètres, et de huit à dix centimètres de profondeur, dans lesquels on sème, à la main ou au semoir, en laissant environ vingt centimètres entre chaque fève, et on recouvre à la herse.

D. Quels sont les soins d'entretien à donner aux fèves ?

R. Quand elles sont bien sorties, on sarcle entre les lignes à la houe à cheval, et à la main dans les lignes. Ces sarclages sont répétés autant de fois qu'ils sont nécessaires.

D. Quand et comment récolte-t-on les fèves?

R. On peut commencer à les consommer en vert, lorsqu'elles sont bien formées. Quand on veut les récolter sèches, on les arrache lorsque les gousses sont noires; puis on les bat, et on les fait sécher au soleil.

Des Pois.

D. Qu'est-ce que les pois?

R. Ce sont des plantes annuelles, à tiges herbacées et rampantes, à graines farineuses, de la famille des légumineuses et du genre *pisum*. Il y a un très-grand nombre de variétés de pois ; les unes veulent être perchées , les autres viennent sans perches. Ces dernières sont les seules qu'on cultive en grand dans notre pays. Les variétés les plus cultivées sont : le pois vert, dit pois à soupe , et le pois gris (pois roux) , qui n'est guère employé que pour la nourriture du bétail.

D. Quelles sont les terres qui conviennent aux pois ?

R. Les pois veulent une terre compacte et bien fumée ; ils ameublissent aussi les terres compactes et sont , comme les fèves , une très-bonne préparation pour les céréales.

D. Comment cultive-t-on les pois ?

R. On prépare les terres comme pour les fèves, puis on sème , à la volée , à raison de deux hectolitres à deux hectolitres et demi par hectare , et on recouvre par un fort hersage , car les pois veulent être enterrés à trois ou quatre centimètres , au moins, de profondeur. Quelquefois on sème en lignes espacées de vingt-cinq à trente centimètres. On trace les lignes avec le rayonneur, ou à la houe , quand on n'a pas de rayonneur. Cette méthode , qui permet les binages et facilite beaucoup les sarclages , nous semble préférable.

D. A quelle époque sème-t-on les pois ?

R. On sème ceux qui doivent être consommés en vert , depuis la mi-octobre jusqu'à la mi-avril : ceux qui sont destinés à être récoltés secs, se sèment ordinairement en février et mars. Sur nos côtes , on obtient de bons résultats en semant en décembre.

D. Quand et comment les récolte-t-on ?

R. On peut les cueillir , pour manger en vert , aussitôt qu'ils sont formés. On récolte ceux qui doivent être conservés secs, lorsque les gousses ont une belle couleur jaune.

On coupe à la faucille ; on laisse javeler pendant quelques jours, puis on les met en gerbes pour les transporter ; on les bat et on les fait sécher au soleil.

La paille de pois, bien soignée, est un très-bon fourrage.

Des Haricots.

D. Qu'est-ce que les haricots ?

R. Les haricots sont des plantes annuelles, à tiges herbacées, volubiles dans quelques variétés, rameuses dans quelques autres ; à graine farineuse, de la famille des légumineuses et du genre *chaseolus*.

Les variétes à tiges volubiles, qui doivent être soutenues par des perches, sont ordinairement cultivées dans les jardins. L'espèce cultivée en grand, dans notre pays, est le haricot nain blanc, dont il se fait une grande consommation.

D. Quelles terres conviennent aux haricots ?

R. Les haricots veulent une terre de consistance moyenne, plutôt légère que forte, bien fumée et bien nette.

D. Comment cultive-t-on les haricots ?

R. Comme les fèves ; seulement, les rayons ne doivent pas être espacés de plus de vingt-cinq à trente centimètres, ni avoir plus de quatre à cinq centimètres de profondeur.

D. A quelle époque sème-t-on ?

R. On sème depuis la mi-mars jusqu'au mois de juin. On doit préférer les semailles précoces, afin de pouvoir les récolter avant les pluies, qui leur sont très-nuisibles lorsqu'ils sont mûrs, et surtout quand ils sont arrachés.

D. Quand et comment les récolte-t-on ?

R. Lorsque les gousses sont bien desséchées,

on les arrache. Si le temps est beau , on peut les laisser javeler pendant quelques jours ; dans le cas contraire, il faut les rentrer de suite ; on bat ensuite , puis on fait sécher au soleil et on met en magasin.

Des Choux pommés et des Choux fleurs.

D. Qu'est-ce que les choux ?

R. Les choux sont des plantes bisannuelles, de la famille des *crucifères* et du genre *brassica*.

Les espèces cultivées dans nos contrées sont : le choux pommé blanc, le choux frisé , dit de Milan, et le choux fleurs.

D. Qu'elles sont les terres qui conviennent aux choux ?

R. Les choux réussissent dans presque toutes les terres , pourvu qu'elles soient bien fumées et bien nettes.

Les choux sont regardés comme très-épuisants.

D. Comment les cultive-t-on ?

R. On sème en pépinières pour repiquer , et on transplante , au plantoir , en lignes espacées de soixante-quinze à quatre-vingts centimètres.

On sème du quinze août au premier octobre , les choux pommés blancs, qui doivent être repiqués en février et mars , et consommés en été. On sème en mars , les choux de Milan , qui doivent être repiqués en juin et juillet , et consommés en hiver.

Les choux fleurs se cultivent comme les choux.

Des Ognons.

D. Qu'est-ce que l'ognon ?

R. L'ognon est une plante bisannuelle , à racine bulbeuse , de la famille des *liliacées* et du genre *allium cepa* ; on en cultive plusieurs variétés.

D. Quelles terres conviennent aux ognons?

R. Les ognons aiment une terre sablonneuse, bien fumée, avec des engrais très-décomposés. Beaucoup de cultivateurs appliquent la fumure à la récolte qui précède les ognons : c'est une très-bonne méthode.

D. Comment les cultive-t-on ?

R. On les cultive en place ou transplantés.

Quand on repique, on sème en semis en janvier ou février, à la volée, et on recouvre au rateau ; on couvre d'une légère couche de paille ou de fumier long, pour que la terre ne soit pas trop battue par les pluies. Les semis doivent être faits sur un terrain bien exposé et bien à l'abri des vents de Nord et d'Est, qui sont très-nuisibles au jeune plant.

On transplante vers le commencement de mai, à la houe à cheval ou au plantoir, et en lignes espacées d'environ vingt centimètres ; on laisse à peu près dix centimètres entre les plants.

Quand on les cultive en place, on sème en lignes, en mars et avril, et on éclaircit.

Il faut avoir soin de sarcler de manière que la terre soit toujours bien nette de mauvaises herbes.

D. Quand et comment récolte-t-on les ognons ?

R. Lorsque les fanes sont sèches, on les arrache et on les fait bien sécher au soleil, puis on les met en magasin, en les étendant en couches fort minces. Il vaudrait même mieux, si on le pouvait, ne pas les mettre les uns sur les autres. En les transportant, il faut éviter de les heurter et de les meurtrir, car le moindre choc les fait pourrir.

D. Ne cultive-t-on pas aussi des ognons d'hiver ?

R. On cultive l'ognon d'hiver, quand on veut avoir de la primeur. On le sème en août, et on le repique en octobre.

Des Artichauts.

D. Qu'est-ce que l'artichaut ?

R. L'artichaut est une plante vivace, de la famille des carduacées ou des semi-floculeuses. On le cultive pour son calice, qui est un très-bon comestible.

L'artichaut étant facile à transporter , peut être cultivé, même à une certaine distance des villes.

D. Comment se reproduisent les artichauts?

R. Le plus ordinairement, on les reproduit par œilletons, qu'on détache le plus près possible de la racine.

D. Quelles terres conviennent aux artichauts?

R. Les artichauts veulent une terre un peu compacte, riche, fraîche et profonde.

D. Comment les cultive-t-on ?

R. On donne, avant l'hiver, un profond labour à la bêche. Vers le mois de février, on fume et on bêche de nouveau. On plante vers le commencement de mars, à un mètre de distance en tous sens. Avant de planter, on coupe les feuilles des œilletons, à quinze ou vingt centimètres de longueur. Si le temps est sec, il faut arroser aussitôt après la plantation, et pendant deux ou trois jours. Si la sécheresse se prolonge, il faut renouveler l'arrosement de temps en temps, jusqu'à ce que le plant soit repris.

On bine et on sarcle autant de fois que cela est nécessaire. Avant les premières gelées, on coupe les tiges au ras de terre, et les feuilles à environ quarante centimètres de hauteur ; puis on butte avec de la terre, qu'on recouvre de fumier de cheval. Vers le commencement de mars, on étend les buttes, et on donne un profond labour à la bêche. On ne laisse, sur chaque touffe, que trois ou quatre œilletons.

Quelquefois, on plante en automne ; mais cette plantation ne peut guère réussir que sur nos côtes.

Des Asperges.

D. Qu'est-ce que l'asperge?

R. C'est une plante à racine vivace, à tige annuelle et herbacée, de la famille des *asparaginées*, et du genre *asparagus*. On la cultive pour les jeunes pousses de ses tiges, qui sont un très-bon mets, quand elles sont coupées au moment où elles commencent à sortir de terre.

D. Comment se reproduisent les asperges ?

R. Par graines. On sème, au mois d'avril, des graines récoltées à l'automne. Il faut semer sur couche, ou sur une terre bien fumée et à l'abri. Les racines qu'on appelle griffes, se développent et sont bonnes à planter au bout d'un an.

D. Quelles terres conviennent aux asperges ?

R. Les asperges aiment une terre de consistance moyenne, plutôt légère que compacte ; cependant, elles réussissent dans les terres compactes, pourvu qu'elles soient bien égouttées et bien ameublies. Elles réussissent aussi très-bien dans les terres tourbeuses, bien desséchées.

D. Comment cultive-t-on les asperges ?

R. On prépare la terre comme pour les artichauts ; puis, vers le mois d'avril, on creuse des fossés d'environ un mètre de large et de soixante-quinze centimètres de profondeur. On met dans le fond de la fosse, une couche de fumier à moitié décomposé, qu'on recouvre d'une couche de terre meuble, de cinq à six centimètres, sur laquelle on place les griffes à quarante ou cinquante centimètres de distance ; on recouvre avec de la terre meuble, mélangée de terreau, à une épaisseur de dix centimètres. Pendant les deux premières années, on met, au mois de mars, une nouvelle couche de terre meuble et de terreau.

Ce n'est qu'à la troisième année qu'on peut commencer à les couper pour manger. Qnand les graines sont mûres, on coupe les tiges, qu'on a laissées monter ; puis, on recouvre les fosses d'une couche de fumier long. Vers le mois de février, on enlève le fumier et on donne un binage avec des fourches.

D. N'y a-t-il pas encore quelques autres plantes potagères qu'il serait bon de cultiver dans les fermes ?

R. On peut encore cultiver avec avantage, sinon comme objet de spéculation, du moins pour les besoins du ménage, les laitues, chicorées, céleri, cresson, radis, etc., dont tout le monde connaît la culture.

TROISIÈME PARTIE.

PRATICULTURE.

CHAPITRE XV.

DES PRAIRIES ARTIFICIELLES ET DES PATURAGES.

D. Qu'est-ce que les prairies artificielles ?

R. Ce sont des plantes cultivées pour la nourriture du bétail et destinées à être consommées en vert ou converties en foin.

D. Quelles sont les plantes qu'on cultive le plus souvent comme prairies artificielles ?

R. Ce sont le trèfle, la luzerne, la lupuline, la vesce, les pois, le raygrass, la chicorée sauvage, les choux, l'ajonc, toutes les céréales, le colza, la navette, etc.

Du Trèfle.

D. Qu'est-ce que le trèfle ?

R. C'est une plante vivace, herbacée, de la famille des légumineuses et du genre *trifolium*. On en connaît un grand nombre de variétés. On ne cultive guère, dans nos contrées, que le trèfle rouge ordinaire et le trèfle incarnat ou farouche, connu de nos cultivateurs sous le nom de *trèfle prime*.

D. Le trèfle est-il effritant ?

R. Oui, et il ne peut revenir sur le même sol plus souvent que tous les quatre ans ; il y a même des terres qui ne peuvent en produire que tous les six ans.

D. Quelles sont les terres qui conviennent au trèfle ?

R. Le trèfle veut une terre compacte ; cependant, il réussit dans les terres de consistance moyenne, pourvu qu'elles contiennent des substances calcaires et qu'elles soient bien préparées. Il est très-rare qu'on obtienne de bons produits de trèfle quand les terres ne contiennent pas un peu de substances calcaires.

D. Quelle est la place du trèfle dans l'assolement alterne ?

R. Le trèfle doit toujours être semé dans une céréale succèdant à une culture sarclée. Sauf quelques rares exceptions, il ne doit jamais venir sur un défrichement avant la troisième ou même la quatrième année. Il ne faut pas le cultiver après les pois, les fèves, les vesces ou autres plantes de même famille que lui.

D. Pourquoi le trèfle est-il regardé comme la meilleure prairie artificielle ?

R. Parce qu'il produit beaucoup de fourrages, puisqu'il donne deux et souvent trois coupes ; parce qu'au lieu d'épuiser la terre, il l'améliore par les débris qu'il y laisse ; enfin, parce qu'il est une très-bonne préparation pour le froment.

D. Quand et comment sème-t-on le trèfle et quelle quantité sème-t-on par hectare.

R. Dans nos contrées, on sème au moment où on herse les céréales, à raison de vingt-cinq à trente kilogrammes de graine à l'hectare, et on couvre en hersant la céréale. Quand on sème dans une céréale de printemps ou dans le blé-noir, on sème avant de herser et on herse tout ensemble. Nous ne pensons pas que la semaille du trèfle commun, en automne, convienne à notre pays, à moins que ce ne soit sur les côtes.

D. Peut-on semer la graine de deux ans ?

R. On préfère la graine de l'année ; cependant, celle de deux ans peut être semée sans inconvénient ; alors, on sème un peu plus épais.

D. Quels sont les engrais qui conviennent au trèfle ?

R. Ce sont le plâtre, la chaux, le sable calcaire de mer, connu dans le pays sous le nom de merle, les cendres, le noir animal, le guano et les engrais liquides.

D. A quelle époque faut-il couper le trèfle ?

R. Pour celui qui doit être converti en foin, l'époque de la floraison est le moment le plus favorable ; quand à celui qui doit être consommé en vert, on peut commencer à le couper un peu avant la floraison, afin d'avoir plus tôt la deuxième coupe et pour que celui qui sera coupé le dernier ne devienne pas trop dur.

D. Comment fait-on le foin de trèfle ?

R. Comme la conservation des feuilles est la chose la plus importante dans la dessication des plantes légumineuses, dont elles forment la meilleure partie, il faut faire tous ses efforts pour les conserver. Voici la méthode que nous avons suivie et qui nous a réussi constamment :

Les andains, coupés le matin, sont retournés l'après-midi ; le lendemain matin, aussitôt qu'ils sont ressuyés, on met le trèfle en petits meulons d'environ cinq à six kilogrammes, qu'on presse le moins possible ; puis, on se borne ensuite à retourner les tas, sans les étendre, jusqu'à ce que la dessication soit complète, ce qu'on reconnaît en cassant quelques tiges et en s'assurant qu'elles ne contiennent plus d'eau de végétation. On bottelle en bottes de dix kilos et on forme, dans le champ, des tas de cinquante à soixante bottes ; on laisse fermenter pendant une quizaine de jours et on met en magasin. Lorsque le foin doit être mis en meules, on ne bottelle pas ; mais il faut laisser fermenter en gros tas sur le champ.

D. Comment récolte-t-on la graine de trèfle ?

R. C'est ordinairement la seconde pousse qu'on laisse porter graine ; on coupe lorsque la graine est mûre, ce qu'on reconnaît à sa couleur jaune luisante ou violette. Lorsque le trèfle est coupé, on le met en faisceaux pour qu'il sèche, on l'étête, puis on bat.

D. Doit-on laisser le trèfle commun occuper la terre pendant plusieurs années ?

R. Si on veut profiter de tous les avantages de la culture du trèfle, on ne doit pas le garder plus d'une année, parce que, pendant l'hiver de la seconde année, il en meurt beaucoup, les mauvaises herbes croissent dans les vides et la terre se salit. Il ne faut, par conséquent, garder des trèfles de deux ans, que lorsque ceux de l'année ont manqué.

D. Qu'appelle-t-on trèfle incarnat ?

R. C'est, suivant quelques botanistes, une variété du précédent, qui tire son nom de la couleur de ses fleurs. Le trèfle incarnat ne donne qu'une coupe, et, par conséquent, sa culture est beaucoup moins avantageuse que celle du trèfle ordinaire. Ses qualités sont sa précocité et la faculté de pouvoir être semé en toutes saisons. Il ne donne pas de très-bon foin.

D. Quand et comment le sème-t-on ?

R. Le plus souvent, on sème en août et septembre, après une céréale. Aussitôt l'enlèvement de la céréale, on donne un fort hersage ou un coup d'extirpateur, et on enterre par un hersage léger. Quand on récolte la graine soi-même, il faut la semer sans être battue.

Le trèfle incarnat ne demande que le moins de labour possible.

De la Luzerne.

D. Qu'est-ce que la luzerne ?

R. C'est une plante vivace, à tige herbacée, de la famille des légumineuses et du genre *médicago*. Elle donne trois à quatre coupes par an et dure de huit à douze ans dans les terres qui lui conviennent bien.

D. Quelles sont les terres qui conviennent à la luzerne ?

R. La luzerne veut une terre riche, d'une profondeur d'au moins soixante centimètres et parfaitement desséchée, car elle craint, par-dessus tout, l'humidité. Il faut aussi que la terre soit bien fumée et qu'elle contienne du calcaire ; par conséquent, si le sol n'est pas calcaire par lui-même, il faut y mettre des substances calcaires : chaux, sablon de mer, etc.

D. Comment cultive-t-on la luzerne ?

R. On défonce le terrain à la plus grande profondeur possible, en ayant soin de ne ramener le sous-sol à la surface qu'autant qu'il est de nature à amender le sol ; puis, on fait une culture sarclée et bien fumée, à laquelle succède une céréale dans laquelle on sème la luzerne.

On sème en mars et avril, comme le trèfle, à raison de vingt à vingt-cinq kilos par hectare.

Après la deuxième année, on donne tous les ans, en février, un bon hersage par un temps sec et on fume tous les trois ou quatre ans.

La luzerne se récolte comme le trèfle.

De la Lupuline.

D. Qu'est-ce que la lupuline ?

R. C'est une plante bisannuelle, du même genre et de la même famille que la luzerne. On appelle aussi la lupuline minette-dorée. Cette plante, qu'on a justement nommée le trèfle des pauvres terres, est trop peu connue dans nos contrées. Quoiqu'elle ne donne qu'une coupe, c'est un excellent fourrage.

D. Quelles terres conviennent à la lupuline ?

R. Elle vient dans les plus mauvaises terres, pourvu qu'elles ne soient pas trop humides ; c'est donc une grande ressource pour les terres qui ne sont pas en état de produire les autres plantes légumineuses.

On cultive et on récolte la lupuline comme le trèfle.

De la Vesce.

D. Qu'est-ce que la vesce ?

R. C'est une plante annuelle, à tige herbacée et rampante, de la famille des légumineuses et du genre *vicia*. On en cultive deux variétés : l'une d'hiver et l'autre de printemps (1). On la consomme en vert ou on en fait du foin.

D. Quelles terres conviennent à la vesce ?

R. La vesce veut une terre argileuse et fraîche, sans être trop humide, bien fumée et passablement ameublie.

D. Quand et comment sème-t-on la vesce ?

R. La vesce d'hiver se sème en octobre ; celle de printemps se sème depuis la fin de janvier jusqu'en juin. On sème de quinze en quinze jours, afin qu'elle ne soit pas bonne à couper toute ensemble.

On sème à la volée, sur un seul labour, à raison de trois hectolitres par hectare. On y mêle souvent de l'avoine ou du seigle pour la soutenir.

D. Quand la récolte-t-on ?

R. Quand on veut la consommer en vert ou la convertir en foin, on la coupe au moment de la floraison ; quand on veut récolter la graine, il ne faut la couper que lorsque la graine est bien mûre.

Le foin de vesce se fait comme celui de trèfle. La vesce porte-graine se traite comme les pois.

De l'Ajonc.

D. Qu'est-ce que l'ajonc ?

R. C'est une plante vivace, à tiges ligneuses et épineuses, de la famille des légumineuses et du genre *ulex*.

(1) La graine de la vesce d'hiver est grise et celle de la vesce de printemps est noire.

Quoiqu'en disent certains théoriciens, c'est un très-bon fourrage. L'ajonc est une grande ressource pour les pays comme le nôtre, où la culture de plantes fourragères est encore peu avancée.

D. Quelles sont les terres qui conviennent à l'ajonc ?

R. L'ajonc vient sur presque toutes les terres ; cependant, les sols argilo-schisteux sont ceux qui lui conviennent le mieux.

D. Comment le cultive-t-on ?

R. On sème, en mars et avril, dans une céréale, à raison de douze à quinze kilos de graine par hectare, et on recouvre à la herse. On pourrait aussi semer dans le blé-noir.

D. Quand peut-on commencer à couper l'ajonc?

R. On ne doit pas le couper avant la deuxième année. On coupe avec la serpe et le plus ras possible.

D. Comment le prépare-t-on pour le faire consommer ?

R. Il y a diverses manières de le préparer : les uns le coupent avec des hachoirs et le pilent ensuite ; les autres se servent de machines qui coupent et broient tout ensemble. Ces machines sont déjà en usage dans certaines parties de la Bretagne.

Du Raygrass.

D. Qu'est-ce que le raygrass ?

R. C'est une plante vivace, à tige herbacée, de la famille des graminées et du genre *lolium*. On lui donne aussi le nom d'ivraie vivace.

On cultive dans nos contrées deux variétés de raygrass : celui d'Italie, qui convient pour les prairies fauchables, et celui d'Angleterre, qui convient pour les pâturages.

D. Quelles terres conviennent au raygrass ?

R. Le raygrass d'Italie veut une terre riche et fraîche ; celui d'Angleterre vient à peu près partout.

D. Quand et comment sème-t-on le raygrass ?

R. On peut semer le raygrass en toute saison ; cependant, les époques qui conviennent le mieux sont le printemps et l'automne. Quand on sème au printemps, on sème dans une céréale ; quand on sème en automne, on sème sur un seul labour. On sème à la volée, à raison de quarante à cinquante kilos de graine par hectare. Les engrais liquides conviennent bien au raygrass.

D. Quand récolte-t-on le raygrass ?

R. Celui qui doit être consommé en vert ou converti en foin doit être coupé au moment où l'épi se développe ; le foin se fait comme celui des prairies naturelles.

Le raygrass d'Italie donne ordinairement trois à quatre coupes par an quand il est en bonne terre ; il peut durer quatre à cinq ans.

De quelques autres Plantes Fourragères.

D. Quelles sont les principales variétés de choux à fourrages ?

R. Les variétés les plus cultivées dans nos contrées sont : le chou cavalier, le chou dit de *Lannilis*, le chou commun de St-Brieuc et le chou branchu du Poitou, qui, par sa supériorité et sa rusticité, remplacera bientôt toutes les autres variétés.

D. Comment cultive-t-on les choux à fourrages ?

R. On les cultive comme les choux potagers, mais on sème les semis un peu plus épais, afin d'avoir des plants assez longs pour pouvoir les transplanter à la charrue. On les plante comme le colza ; seulement, on ne plante que dans chaque troisième raie et on laisse environ soixante-quinze centimètres entre chaque plant.

D. Qu'est-ce que la chicorée sauvage?

R. C'est une plante vivace, à tige herbacée, de la famille des chicoracées et du genre *chicorium*. Elle dure trois à quatre ans et donne deux à trois coupes : elle convient aux bêtes à cornes, aux moutons et aux porcs.

D. Quelles terres conviennent à la chicorée sauvage et comment la cultive-t-on ?

R. La chicorée vient sur toutes les terres où elle trouve un peu d'humus et de fraîcheur. On la sème dans une céréale, à raison de quinze à dix-huit kilogrammes de graine à l'hectare : on sème en mars et avril.

D. N'y a-t-il pas encore d'autres plantes fourragères ?

R. On cultive comme fourrages toutes les céréales, le colza, la navette, etc.; dans ce cas, il faut semer plus épais que quand on veut récolter les graines. Enfin, on peut encore classer parmi les plantes fourragères le sainfoin, la spergule, la mille-feuille, la moutarde, le mélilot et plusieurs autres qui ne sont pas cultivées dans nos contrées. On pourrait aussi cultiver, comme prairies artificielles, plusieurs des plantes dont nous allons parler dans le chapitre suivant, telles que le tròfle blanc, le lotier, la hougue-laineuse, la fromentale, etc.

Des Pâturages.

D. Qu'appelle-t-on pâturages ?

R. Les pâturages sont des terres qui produisent des plantes destinées à être consommées sur place par les bestiaux. On divise les pâturages, en permanents, ceux qui durent pendant un nombre d'années indéterminé, c'est la jachère pérence, qu'on appelle aussi pâture naturelle; et en temporaires, ceux qui entrent dans un assolement alterne et qui sont rompus au bout d'un certain nombre d'années. Souvent ils succèdent à une prairie artificielle, comme dans les exemples d'assolement avec pâturages que nous avons indiqués.

D. Les pâturages sont-ils avantageux ?

R. Il est très-rare que les pâturages permanents soient avantageux, à moins qu'ils ne soient établis sur des terres qui ne pourraient être utilisées autrement, comme sur des coteaux, des terrains exposés aux inondations, etc. Nous avons dit ailleurs que la jachère pérenne n'était jamais avantageuse.

Les pâturages sont nécessaires quand on veut se livrer à l'élève des bestiaux, car les jeunes animaux ont besoin d'exercice. Ils sont aussi nécessaires quand on veut avoir des moutons.

Les pâturages peuvent être introduits, avec avantage, dans l'assolement alterne, dans les pays où les terres sont encore d'un prix peu élevé, où la main-d'œuvre est rare et chère et où l'état des terres ne permet pas encore la culture des racines fourragères et des prairies artificielles, et quand on n'a qu'un petit capital.

D. Quels sont les moyens d'avoir de bons pâturages ?

R. Si on veut avoir de bons pâturages, il ne suffit pas de laisser le sol se couvrir spontanément de végétaux, comme on le fait en Bretagne; car il est prouvé que plus de la moitié des plantes qui croissent ainsi sont inutiles pour la nourriture du bétail et que plusieurs sont nuisibles, d'où il résulte qu'il n'y a guère que le tiers de ces plantes qui soient bonnes. Pour remédier à ce mal, il faut semer, dans la céréale qui précède la mise en pâture, des mélanges de bonnes graines, suivant la nature du terrain.

D. Quelles sont les plantes qui doivent entrer dans nos pâturages ?

R. Pour les terres humides, les raygrass, les agrostis, la hougue-laineuse, la fléole des prés, les lotiers, les gesses, le trèfle ordinaire, etc. Pour les terres légères, la flouve odorante, la fetuque ovine, la mille-feuille, la lupuline, l'élime des sables, la petite pimprenelle, etc.

CHAPITRE XVI.

DES PRAIRIES PERMANENTES.

D. Qu'appelle-t-on prairies permanentes ?

R. On appelle prairies permanentes, ou simplement prairies, des terres qui, une fois convenablement disposées, produisent, sans culture, des plantes fourragères qui sont ordinairement converties en foin.

D. Les prairies permanentes sont-elles indispensables ?

R. Avec la culture bien entendue des prairies artificielles et des racines fourragères, on pourrait, à la rigueur, s'en passer ; mais, comme ces cultures sont sujettes à manquer, il ne faut jamais négliger de créer des prairies permanentes toutes les fois qu'on possède des terrains convenables.

D. Quelles sont les terres qui conviennent aux prairies permanentes ?

R. On peut faire des prairies sur toutes les terres qu'on peut irriguer (arroser) et dessécher à volonté. Le desséchement est aussi nécessaire que l'irrigation, car autant les eaux courantes sont utiles, autant les eaux stagnantes sont nuisibles.

On fait quelquefois des prairies sèches. Le foin

de ces prairies est excellent, mais le rendement est très-minime, à moins qu'on ne puisse fumer abondamment.

D. Y a-t-il avantage à convertir des terres arables en prairies permanentes ?

R. Oui, quand elles sont dans les conditions qui conviennent à ce genre de prairies ; quand elles sont exposées aux inondations ; quand l'amélioration des autres terres n'est pas encore assez avancée pour que les racines fourragères puissent y donner de bons produits.

D. Comment prépare-t-on le terrain pour établir une prairie irriguée ?

R. Il faut commencer par s'assurer, au moyen du niveau, si on pourra l'irriguer et le dessécher à volonté. Si le sol est trop humide, on l'assainit en pratiquant des rigoles de desséchement ; puis, on l'aplanit le mieux possible.

Si la prairie doit être établie sur un défrichement, il faut le cultiver pendant deux ou trois ans et le fumer abondamment ; puis, on sème les graines de prairies comme il sera dit ci-après.

D. Quels soins doit-on apporter dans le choix des graines ?

R. Il faut choisir celles des plantes reconnues comme nutritives qui conviennent au terrain, et, autant que possible, celles qui mûrissent à la même époque.

D. Toutes les plantes qu'on trouve dans nos prairies ne sont donc pas nutritives ?

R. Non ; sur environ trois cents espèces de plantes qui composent nos prairies, il y en a cent-onze bonnes, cent-quarante et une inutiles et quarante-huit nuisibles, d'où il résulte que, sur cent kilogrammes de foin, il n'y en a guère que le tiers de nutritif.

D. Quelles sont les principales plantes inutiles ou nuisibles?

R. Ce sont les joncs, les laïches, les carex, les prèles, les renoncules, la crète de coq, la sirpe, etc.

D. Pourquoi faut-il choisir les plantes qui mûrissent à la même époque?

R. Parce que, lorsque les plantes ne mûrissent pas ensemble, il en résulte que, si on coupe quand les premières sont mûres, les dernières n'ayant pas atteint tout leur développement, on perd sur la quantité. Si, au contraire, on attend que les dernières soient mûres, les premières sont desséchées et ne donnent qu'un foin de mauvaise qualité.

D. Quelles sont les plantes qui conviennent aux prairies sèches?

R. Ce sont la houque molle, la fétuque élevée, la fétuque des prés, la flouve odorante, le paturin des prés, le vulpin des prés, le dactible pelotonné, la fromentale, le raygrass anglais, l'avoine blonde, les trèfles rouges et blancs, la luzerne, la lupuline, le lotier corniculé, la vesce multiflore, la pimprenelle, etc.

D. Quelles sont les plantes qui conviennent aux prairies humides?

R. Ce sont le dactyle pelotonné, le vulpin des prés, la crételle, la fétuque des prés, la fromentale, la houque laineuse, le raygrass d'Italie, le thimoty grass ou fléole des prés, les trèfles, etc.

D. Quelles sont les plantes qui conviennent aux terres de consistance moyenne?

R. La fromentale, l'avoine blonde, le raygrass d'Italie, le pàturin, le vulpin, la fétuque et la fléole des prés, la flouve odorante, le lotier, la vesce multiflore, la lupuline, les trèfles rouges et blancs, etc.

D.

D. Comment peut-on se procurer ces graines ?

R. On pourrait les faire récolter si on les connaissait bien. Dans le cas contraire, on les trouve, à des prix très-modiques, chez tous les marchands de graines fourragères des grandes villes, particulièrement chez ceux de Paris, dont on se procure l'adresse, au moyen des journaux d'agriculture.

D. Quelle quantité de graine doit-on semer par hectare ?

R. On sème de soixante à soixante-dix kilos.

D. Dans quelles proportions les diverses espèces de plantes doivent-elles être employées ?

R. On emploie ordinairement un litre de graines de légumineuses (trèfle, luzerne, lupuline, lotier), sur quatre litres de graines de graminées (toutes les autres plantes indiquées sont des graminées). Afin que la semence soit plus également répartie, on sème, l'une après l'autre, les graines des deux familles.

D. Comment sème-t on et quand sème-t-on ?

R. On sème en mars et avril, dans une céréale, et on recouvre par un léger hersage.

D. Quels sont les soins à donner aux prairies ?

R. Il faut étendre les taupinières, détruire les mauvaises herbes, et rouler, si on reconnaît que le sol des nouvelles prairies est soulevé par les glaces. Enfin, il faut fumer de temps en temps, dessécher et irriguer convenablement.

D. Quels sont les engrais qui conviennent le mieux aux prairies ?

R. Tous les engrais conviennent aux prairies ; mais les engrais pulvérulents et les engrais liquides, sont ceux qui y produisent le plus d'effet. Il faut étendre soigneusement les excréments que les bestiaux laissent dans les prairies.

On cite comme un excellent moyen de détruire les joncs, un compost formé de trois parties de cendre, une partie de chaux et une partie de guano.

L'irrigation bien faite est aussi un très-bon moyen de détruire le jonc et la mousse.

D. Toutes les eaux sont-elles bonnes pour irriguer ?

R. Celles qui viennent des bois, celles qui sont ferrugineuses et celles qui sont trop vives, ne conviennent point pour l'irrigation. Les meilleures sont celles qui proviennent des égouts des villages ou des lavoirs : les eaux pluviales, qui ont coulé sur des terres labourées, et les eaux de rivières. Quant à celles qui viennent des chemins, comme après les grandes pluies, elles entraînent beaucoup de graviers. Il est bon de creuser, à leur entrée dans la prairie, un trou dans lequel elles restent quelques temps et laissent déposer les graviers.

D. Quand doit-on commencer l'irrigation des nouvelles prairies ?

R. Les nouvelles prairies ne doivent être irriguées qu'à la deuxième année.

D. Comment fait-on les rigoles d'irrigation ?

R. Après avoir convenablement disposé le terrain, on fait la rigole principale, qui doit, autant que possible, être pratiquée dans la partie la plus élevée. Elle ne doit pas avoir plus de deux à trois millimètres, par mètre, de pente. Sa largeur doit être proportionnée au volume d'eau qu'elle doit contenir. De cette rigole, on en fait partir plusieurs autres, plus petites, qui distribuent l'eau sur toutes les parties du terrain.

Il faut, en même temps, disposer les rigoles de desséchement, de manière qu'il ne reste d'eau stagnante sur aucune partie de la prairie.

D. Quand et comment irrigue-t-on ?

R. Il faut commencer à mettre l'eau sur les prairies, vers la fin de septembre ; au bout de douze à quinze jours, on la retire, et on laisse ressuyer le terrain pendant cinq à six jours. Au bout de ce temps, on la remet de nouveau.

Il faut retirer l'eau de sur les prairies, aussitôt qu'il y a apparence de gelées, et ne la remettre qu'au dégel.

Pendant les mois de février et mars, l'irrigation ne doit durer que cinq à six jours, après lesquels on laisse ressuyer pendant le même temps. Enfin, la durée de l'irrigation doit diminuer progressivement, puis cesser tout à fait quand l'herbe couvre entièrement le terrain ; c'est-à-dire, pour notre pays, vers le commencement de mai.

Lorsqu'on ne peut disposer que d'une petite quantité d'eau, il vaut mieux ne la mettre que sur une partie à la fois, et la changer quand cette partie est suffisamment irriguée. On la fait passer ainsi successivement sur toutes les parties de la prairie.

D. Est-il bon de mettre les bestiaux à paître sur les prairies ?

R. Il n'y a aucun inconvénient à mettre les bestiaux à paître sur les prairies sèches. Il faut bien aussi les mettre sur les prairies irriguées, afin de profiter les regains, que le climat de notre pays ne permet guère de convertir en foin ; mais il faut avoir soin de les en retirer, aussitôt que le sol est assez mouillé pour céder sous leurs pieds ; car, leur piétinement occasionnerait des dégâts, qui seraient loin d'être compensés par la valeur du pâturage.

D. Comment le piétinement des bestiaux peut-il nuire aux prairies ?

R. Il reste, dans chacun des trous faits par les pieds des bestiaux, de l'eau stagnante, qui y fait pousser du jonc, des carrex et autres mauvaises herbes.

D. A quelle époque doit-on couper le foin ?

R. Au moment où la majeure partie des plantes est en fleur. Si on coupait plutôt, on perdrait sur la quantité ; car, ce n'est qu'au moment de la floraison, que les plantes ont acquis tout leur développement. Si on coupait plus tard, on perdrait sur la qualité ; car, lorsque la graine est formée, les tiges deviennent dures, et ne produisent qu'un fourrage de mauvaise qualité, qui ne vaut pas mieux que la paille.

D. Comment fait-on le foin ?

R. On laisse les andains, sans les toucher, pendant vingt-quatre heures, puis on les étend, et on les fane trois ou quatre fois pendant la journée. Le soir, on les met en petits tas. Le lendemain, on commence par étendre les andains de la veille ; puis on étend les petits tas. Le soir, le foin du premier jour est mis en gros tas, et celui du second en petits. On continue ainsi à le faner, jusqu'à ce qu'il soit complètement sec : ce qu'on reconnaît par la dessication des plus grosses tiges, qui ne doivent plus contenir d'eau de végétation.

D. Que faut-il faire quand le foin est desséché ?

R. On doit le réunir en gros tas d'environ deux à trois charretées, et le laisser ainsi fermenter, sur le pré, pendant un mois ou six semaines ; puis on le rentre. Quand on peut le loger dans des faneries, il faut le botteler, par bottes de dix kilos. Si on ne peut pas le loger, on le met en meules ; mais il faut le botteler, au fur et à mesure de la consommation, si on veut éviter le gaspillage et pouvoir rationner les bestiaux.

D. Qu'appelle-t-on regain ?

R. C'est l'herbe qui repousse après la première coupe. Quand il est assez précoce pour qu'on puisse le convertir en foin, on le traite comme le foin.

D. Que doit-on faire quand une prairie est envahie par les mauvaises herbes?

R. Il faut la défricher et la cultiver pendant quelques années ; puis la rétablir , comme une nouvelle prairie.

Quand on veut y semer de l'avoine , qui est la céréale qui y réussit le mieux , on opère, comme il a été dit pour les céréales couvertes à la bêche. Quand on veut commencer par une culture sarclée , on opère comme pour un défrichement ; seulement , on peut se dispenser de fumer la première année. Quand le sol est tourbeux et qu'il y a beaucoup de jonc , on peut écobuer ; mais quand on écobue , il faut fumer.

D. Quels sont les principaux vices de la culture des prairies , dans nos contrées ?

R. Dans nos contrées, on entend fort mal la culture des prairies. Quand on sème une prairie , on n'apporte aucun soin dans le choix des graines. On prend des balayures de greniers à foin, sans s'informer si elles viennent d'une bonne ou d'une mauvaise prairie : ce qui fait qu'on sème plus de mauvaises herbes que de bonnes. On n'apporte aucune attention à l'irrigation. On ne dessèche presque pas. On ne détruit pas les mauvaises herbes; c'est à peine si quelques cultivateurs étendent les taupinières. Enfin , on ne fume presque jamais , et on coupe le foin presque toujours trop tard ; car on attend que les graines soient mûres : ce qui rend le foin de mauvaise qualité.

QUATRIÈME PARTIE.

ARBORICULTURE.

CHAPITRE XVII.

NOTIONS SUR LA REPRODUCTION DES ARBRES.

D. Qu'appelle-t-on pépinières?

R. La pépinière est un terrain destiné à la culture des jeunes arbres, jusqu'au moment de leur plantation à demeure.

D. Quel sol convient aux pépinières?

R. Les pépinières doivent être placées sur un sol de consistance moyenne, ni trop riche ni trop pauvre, bien net et bien meuble.

D. Comment prépare-t-on le terrain pour les pépinières ?

R. On le défonce à une profondeur d'environ cinquante à soixante centimètres, et on l'entoure d'une clôture convenable. S'il est humide, on l'assainit.

D. Quels sont les soins à donner aux pépinières?

R. Il faut les biner et les sarcler de manière à ce quelles ne soient jamais envahies par les mauvaises herbes ; puis il faut donner aux jeunes plants, les soins indiqués pour chaque espèce.

D. Qu'est-ce qu'élaguer un arbre ?

R. Elaguer un arbre, c'est lui couper certaines branches qui nuisent à son développement, notamment celles qui croissent le long de la tige.

D. Comment se reproduisent les arbres ?

R. Par graines, par plants enracinés, par boutures, par marcottes et par greffe.

D. Comment se font les semis ?

R. Après avoir préparé le terrain comme il a été dit, on sème, à la volée ou en lignes, et on recouvre à la herse ou au rateau, suivant que les graines doivent être enterrées plus ou moins

La profondeur à laquelle on doit enterrer les graines varie, suivant leur grosseur et leur espèce.

La transplantation en pépinières, la préparation du plant et les autres soins à donner aux jeunes arbres, seront indiqués pour chaque espèce.

D. Quel est le but de la greffe ?

R. C'est d'améliorer les espèces et de reproduire certaines variétés, qu'on ne peut obtenir au moyen des semis.

Il est reconnu que les arbres non greffés donnent, presque toujours, des fruits différents de ceux des arbres greffés qui ont porté les graines qui les ont produits.

D. Quels sont les soins qu'on doit apporter dans le choix des greffes et du sujet ?

R. Les greffes doivent toujours être prises sur du bois de l'année précédente, et avoir au moins deux ou trois yeux. Il ne faut jamais les prendre sur des arbres rabougris ou mal venus. Il faut aussi que les sujets soient bien francs et aient l'écorce bien lisse.

D. Combien y a-t-il de manière de greffer ?

R. Il y en a un grand nombre, qui varient suivant les espèces : nous ne parlerons que de la greffe en fente et de la greffe en écusson, qui sont les plus pratiquées.

D. Comment fait-on la greffe en fente ?

R. On coupe le sujet à une hauteur, qui varie suivant sa nature et sa destination. Quand on greffe à basse tige, on coupe à environ quarante centimètres du sol. Quand on greffe à haute tige, on coupe un mètre cinquante ou deux mètres. La place où se fait la greffe doit être unie et sans nœuds. Lorsque la tête de l'arbre est sciée, on coupe, avec une serpette bien tranchante, toutes les déchirures de l'écorce ; puis on fend la tige par le milieu avec un fort couteau, sur lequel on frappe légèrement. La fente doit avoir de quatre à six centimètres de profondeur ; on y introduit un petit coin de bois sec, pour la tenir ouverte. On taille alors la greffe en coin, de manière à ce qu'elle remplisse exactement la fente, et on la place de manière à ce que son liber (sa seconde écorce) soit en contact avec celui du sujet. On enlève le coin ; puis on lie la fente et on la recouvre d'un enduit quelconque, pour empêcher le contact de l'air. Dans notre pays, on se borne à entourer la greffe d'un lien de foin ou de paille, enduit d'un mélange d'argile et de fiente de vache. Quelquefois, on emploie un ciment composé de cire, de résine et de thérébentine, qu'il ne faut appliquer que lorsqu'il est refroidi.

D. Comment fait-on la greffe en écusson ?

R. On fait, sur la partie de l'écorce où on veut placer l'écusson, une incision en forme de ⊤, dont on soulève les bords, avec un petit instrument appelé écussonnoir ; puis on prend, sur une branche d'un an, un bouton sain et pourvu d'un seul œil, qu'on détache de la branche avec l'écorce qui l'environne, en ayant soin de ménager le petit mamelon qui lui sert de base. On taille l'écorce en forme de triangle, puis on l'introduit dans l'incision du sujet ; on en rapproche les bords, et on lie le tout avec un lien qui doit faire plusieurs tours sur l'écusson.

Lorsque l'écusson est pris, on coupe la tête de

l'arbre et on enlève les branches qui sont au-dessous.

D. Dans quelle saison greffe-t-on ?

R. La greffe en fente se fait en mars et septembre. La greffe en écusson, dite à œil poussant,
se fait en avril. Celle dite à œil dormant, se fait
depuis la fin d'août jusqu'en octobre.

D. Comment se fait la transplantation à demeure?

R. Il faut faire les fosses le plus longtemps possible avant la plantation ; leurs dimensions en longueur et largeur, doivent être en rapport avec le
volume des racines du plant; leur profondeur doit
être telle, qu'après y avoir mis une couche de
bonne terre, le jeune arbre puisse y être enterré
aussi avant qu'il l'était dans la pépinière.

On place le plant bien perpendiculairement sur
la couche de bonne terre, puis on recouvre avec
cette même terre, qu'on a soin de faire pénétrer
entre les racines. Il faut que les racines soient toutes bien étendues. Quand les racines sont couvertes, on remplit le reste de la fosse avec la terre qui en est sortie.

D. A quelle époque de l'année transplante-t-on
à demeure ?

R. Depuis la mi-octobre jusqu'à la fin de février.

D. Qu'est-ce que stratifier les graines ?

R. Pour stratifier les graines, on commence par
les faire bien sécher, puis on les met par couches dans un vase quelconque, en mettant une
couche de sable sec entre chaque couche de graines.

CHAPITRE XVIII.

DES ARBRES FRUITIERS.

Du Pommier.

D. Qu'est-ce que le pommier ?

R. C'est un arbre de la famille des rosacées et du genre *malus*. Son fuit sert à la fabrication du cidre ; quelques espèces servent à la nourriture des hommes.

Le bois de pommier est employé par les menuisiers, les mécaniciens et les tourneurs ; c'est aussi un assez bon combustible.

D. Que signifie le mot rosacées ?

R. On appelle rosacées les plantes dont la fleur ressemble à celle des rosiers sauvages.

D. Est-il bon de planter les pommiers dans les champs cultivés, comme on le fait généralement dans nos contrées ?

R. Ce mode de culture du pommier a plusieurs graves inconvénients : 1° Il est très-rare que le produit des pommiers, qui ne portent guère de fruit que tous les deux ans, puissent couvrir les pertes qu'ils font éprouver sur les récoltes ; 2° les pommiers, presque toujours plantés en lignes courbes, nuisent à la régularité des labours et les rendent plus coûteux ; 3° la récolte des pommes se faisant tard, on ne peut faire, en temps convenable, ni les labours préparatoires, ni les déchaumages ; 4° leurs branches déchirent les équipages et blessent quelquefois les bêtes de trait, leurs racines font souvent briser les instruments.

D. Comment faudrait-il donc cultiver les pommiers ?

R. Il faudrait les cultiver en bordures , autour des champs, ou en vergers.

D. Qu'appelle-t-on vergers ?

R. Ce sont des terrains spécialement destinés à la culture des arbres fruitiers.

D. Comment se reproduisent les pommiers ?

R. Le plus ordinairement , on les reproduit par semis ; cependant , on emploie quelquefois les plants enracinés.

D. Comment se font les semis et quand les fait-on ?

R. On trie les pépins au moment de la fabrication du cidre ; on les fait sécher et on les conserve à l'abri de l'humidité ; on sème vers le mois de février, à la volée ou en lignes espacées de quinze à vingt centimètres , et on couvre au râteau.

Les pépins doivent être enterrés à un centimètre au plus.

D. A quel âge et dans quelle saison transplante-t-on en pépinière ?

R. Lorsque les plants ont deux ans , on peut les transplanter. La plantation se fait vers la fin de l'automne. On plante au plantoir ou à la bêche. Lorsque la plantation est terminée , on coupe les tiges à trois ou quatre centimètres du sol. Quelques cultivateurs coupent le pivot, d'autres le conservent, afin, disent-ils , de donner plus de solidité à l'arbre , quand il est planté à demeure. Quand le terrain est exposé au vent, il faut le conserver.

D. Quand et comment élague-t-on ?

R. On ne commence ordinairement à élaguer que deux ans après la mise en pépinière. Il ne faut pas couper à la fois toutes les branches qui poussent le long de la tige ; il ne faut les enlever que progressivement, et en commençant par les plus grosses , si on les enlevait toutes ensemble , toute la sève se porterait vers la tête de l'arbre , et la tige ne grossirait pas. Quand le jeune plant a atteint environ deux mètres de hauteur pour ceux destinés aux vergers , et deux mètres cinquante pour ceux destinés aux champs labourés , on les arrête, c'est-à-dire qu'on coupe leur sommet, afin de faire développer les branches qui doivent former la tête ; alors , on coupe entièrement la tige.

D. Quand et comment greffe-t-on ?

R. Quand on greffe en fente, on greffe comme il a été dit à l'article de la greffe. Les uns greffent en pépinière, les autres greffent en place.

Depuis quelques années, on greffe en écusson , un an après la transplantation en pépinière ; on fait l'écusson à 20 centimètres de terre , puis on coupe la tige quand l'écusson est pris.

D. Quel sol convient aux pommiers ?

R. Lorsque les pommiers sont bien soignés , ils réussissent sur toute espèce de terre.

D. A quel âge se fait la transplantation à demeure *?*

R. Lorsque l'arbre a atteint environ dix centimètres de circonférence.

D. En quelle saison plante-t-on à demeure ?

R. Depuis la fin du mois d'octobre jusqu'à la fin de février.

D. Comment fait-on la plantation à demeure?

R. Il faut avoir soin , en déplantant, de ne pas briser les racines. Lorsque le plant est déplanté , on coupe les racines latérales à environ quarante centimètres. Si on a conservé le pivot , il faut avoir soin de faire en sorte qu'il ne soit pas ployé. On coupe les branches latérales à environ vingt centimètres, et celles du milieu à environ trente centimètres ; puis on plante comme il a été dit à l'article des notions générales sur les arbres.

D. Quelle distance doit-on mettre entre les plants?

R. Quand on plante en terres labourées, il faut mettre vingt mètres de distance entre les rangs, et quinze mètres entre les plants dans le rang. Quand on plante en vergers, douze à quinze mètres en tous sens suffisent; souvent même on plante à dix mètres en tous sens.

D. Quels soins doit-on apporter dans le choix des espèces?

R. Il faut choisir celles qui sont reconnues les meilleures pour remplir le but qu'on se propose en les cultivant, soit pour la table, soit pour la fabrication du cidre. Dans ce dernier cas, il faut préférer les espèces qui mûrissent de bonne heure. Quand les pommiers doivent être cultivés dans les champs labourés, il faut choisir les espèces dont les branches ne sont pas trop tombantes.

Du Poirier.

D. Qu'est-ce que le poirier?

R. C'est un arbre de la famille des rosacées et du genre *pyrus*. Le plus ordinairement, son fruit est consommé sur nos tables. Cependant, il y a des localités où on emploie certaines espèces à fabriquer une boisson connue sous le nom de poiré.

Son bois a le même emploi que celui du pommier.

D. Comment cultive-t-on le poirier?

R. La culture du poirier est en tout semblable à celle du pommier, quand on le cultive en verger (1).

(1) Nous ne parlerons pas de la culture du poirier comme arbre de jardin.

Récolte des Fruits et Fabrication du Cidre.

D. Comment récolte-t-on les fruits destinés à la table ?

R. Il faut les cueillir à la main, par un temps bien sec, et éviter de les meurtrir, puis les dé-poser avec soin dans le lieu où on veut les conser-ver, qui doit être sec et où il ne doit entrer que le moins d'air et de lumière possible.

D. Comment récolte-t-on les pommes à cidre ?

R. Celles qui tombent avant la maturité doivent être ramassées et mises à part, car le cidre qu'elles produisent est de qualité inférieure. Celles qui sont tardives doivent aussi être séparées, afin qu'on puisse les laisser finir de mûrir en tas.

Quand les autres sont mûres, ce qu'on recon-naît à leur odeur agréable et à la couleur noire des pépins, on les ramasse par un temps sec. Pour les faire tomber, il faut secouer les branches et ne se servir de la gaule que le moins possible ; car, si on frappe sur les pommes, on les meurtrit, elles pourrissent et donnent un cidre de mauvaise qua-lité ; si on frappe sur les branches, on casse les bourgeons qui produisent du fruit l'année sui-vante.

D. Comment faut-il traiter les pommes, quand elles sont ramassées ?

R. Dans nos contrées, on les met en tas dehors, sur de la paille ou des genets ; il vaudrait mieux les mettre sous des hangars planchéïés, comme on le fait dans certaines contrées ; elles seraient ainsi plus propres et moins exposées aux influen-ces fâcheuses des gelées.

D. Comment fait-on le cidre ?

R. Nous ne parlerons point ici de la manière d'écraser les pommes et de pressser le marc qui est connue de tout le monde. Nous dirons seulement que, si on veut avoir du cidre de première qualité, il ne faut écraser les pommes que lorsqu'elles sont mûres, et qu'il faut trier avec soin les pommes pourries. Nous dirons aussi que le pressoir nouveau, à vis en fer et à cuve ronde, connu dans le pays sous le nom de pressoir Bodin, est excellent et infiniment préférable aux pressoirs du pays, parce qu'il extrait mieux le cidre, parce qu'il est beaucoup plus expéditif, qu'il tient moins de place et est très-portatif. Son prix n'est pas plus cher que celui d'un bon pressoir ordinaire.

D. Quels sont les soins à donner aux tonneaux?

R. Après les avoir fait rebattre par le tonnelier, on les rince avec de la lessive de cendre, puis on y passe de l'eau fraîche. Si les tonneaux conservaient après cela une mauvaise odeur, il faudrait y faire brûler une mèche de soufre.

D. Quand faut-il sous-tirer le cidre?

R. On sous-tire quand la première fermentation est terminée, ce qu'on reconnaît à la limpidité du cidre. Il y a des personnes qui ne sous-tirent pas le cidre destiné à leur consommation. Elles pensent qu'il se conserve mieux. Cela est bon si les tonneaux ne doivent pas être changés de place, dans le cas contraire, il faut sous-tirer. Après le sous-tirage, il faut tenir les tonneaux bien bouchés et en faire le plein de temps en temps.

Arbres Fruitiers à noyaux.

D. Qu'est-ce que le cerisier et quelle est sa culture?

R. Le cerisier, qui est aussi un arbre de la famille des rosacées, peut être cultivé avec avantage dans nos vergers. Il vient dans tous les sols, excepté dans ceux qui sont trop humides. Il y en a un grand nombre de variétés. Les plus avantageux à cultiver en verger sont le bigarreautier et le cerisier à fruits aigres, ou griotier. On greffe sur sujets venus de semis de noyaux, ou mieux sur mérisier. Sur les jeunes sujets, on greffe en écusson ; sur les vieux, on greffe en fente.

D. Qu'est-ce que le prunier et comment le cultive-t-on ?

R. Le prunier est un arbre de la famille des rosacées. Il aime un sol argileux et frais ; les coteaux exposés au levant et au midi lui conviennent le mieux. On le reproduit par greffe, sur sujets venus de semis de noyaux. On greffe en fente les vieux sujets et en écusson sur les jeunes. On peut tirer un grand parti des fruits, en les desséchant au soleil ou au four. Pour les dessécher au four, on les place sur des claies et on les met au soleil pendant deux à trois jours, puis on met les claies dans le four quand on a retiré le pain. On les retire quand le four est froid, puis on les retourne et on les met une seconde fois dans le four, quand le pain est retiré, et on les retire quand le four est refroidi. Ainsi préparées, les prunes se conservent très-bien, pourvu qu'on les tienne à l'abri de l'humidité.

CHAPITRE XIX.

DES ARBRES FORESTIERS A FEUILLES CADUQUES.

Du Chêne.

D. Qu'est-ce que le chêne ?

R. C'est un grand arbre de la famille des amentacées ou quercinées et du genre *quercus*. On le cultive pour son bois, qui est estimé pour la charpenterie et la menuiserie, et qui est aussi un excellent combustible (qui brûle bien).

Le chêne s'élève à une très-grande hauteur et acquiert souvent une grosseur énorme. Sa vie est très-longue.

Il y a plusieurs variétés de chênes qu'on cultive comme futaies ou comme taillis, en avenues et en bordures autour des terres.

D. Que signifient les mots amentacées et quercinées?

R. Les botanistes donnent les noms d'amentacées aux arbres dont les fleurs sont rangées le long d'un axe qu'ils appellent chaton, comme celle du chêne, du noyer, du noisetier, etc. Le mot quercinée signifie famille qui a le chêne pour type.

D. Comment reproduit-on le chêne?

R. Par ses graines, qu'on appelle glands : on le sème en semis, pour transplanter, ou en place.

D. Comment sème-t-on et quand sème-t-on?

R. Quand on sème pour transplanter en pépinière, on sème en rayons espacés de vingt-cinq à trente centimètres ; la graine doit être enterrée de six à huit centimètres de profondeur.

Quelquefois, on sème aussitôt après la chute des glands ; d'autres fois, on sème au printemps. Alors, il faut stratifier les graines comme il a été dit. On ne doit semer que des glands bien sains et provenant de beaux arbres.

Quand on sème à demeure, on sème en rayons espacés d'environ un mètre.

D. Quand faut-il planter en pépinière?

R. Vers l'âge de deux ans, on plante comme il a été dit pour les pommiers.

D. Comment doit-on traiter les plants destinés à faire des taillis?

R. Vers l'âge de trois à quatre ans, on les é-
claircit de manière à laisser entre eux un mètre en
tous sens ; puis on les coupe au raz de terre pour
faire développer les branches.

Quand on veut cultiver le chêne pour taillis, il
faut le mêler à d'autres essences, comme hêtre,
charme, bouleau, etc.

Ordinairement, on exploite les taillis à l'âge de
dix à douze ans. On coupe avant que la sève commence à monter. Dans les pays où il y a des tan-
neries, il peut être avantageux d'écorcer le chêne ;
alors on ne coupe que lorsque la sève est montée.

L'enlèvement de l'écorce diminue la valeur du
bois et retarde la coupe suivante d'une année. Il
faut voir si la valeur des écorces compense ces
pertes et les frais de main-d'œuvre, qui sont assez
considérables.

D. Quand et comment se fait la plantation à
demeure ?

R. On plante à demeure vers l'âge de quatre à
cinq ans. Il faut avoir soin, en déplantant le jeune
plant, de ne pas briser les racines. Quand on doit
planter dans un sol profond, on conserve le pivot ;
dans le cas contraire, on le coupe et on récèpe les
branches qui sont le long de la tige. On plante
ensuite comme il a été dit pour le pommier. Quelquefois on fait au pied de l'arbre une butte en
terre, d'environ trente centimètres, dont la surface supérieure forme un espèce de bassin qui
retient les eaux pluviales et les conduit vers le
pied de l'arbre.

La reprise du chêne est difficile, surtout quand
le plant est vieux.

D. Quelles terres conviennent aux chênes ?

R. On plante des chênes dans presque tous les
sols ; mais, ceux qui leur conviennent le mieux,

sont les sols argilo-sableux , frais , riches et profonds. Toutes les fois que le sol n'a pas de profondeur , on n'obtient que des arbres rabougris et
qui ne conviennent que pour bois à feu.

Du Châtaignier.

D. Qu'est-ce que le châtaignier ?

R. C'est un arbre de la famille des amentacées
et du genre *castanea*. On cultive le châtaignier
pour son bois et pour son fruit , qui est un très-
bon comestible (comestible signifie chose bonne à
manger). Le bois de châtaignier est très-estimé
pour la menuiserie et la tonnellerie. Il est peu estimé comme combustible.

On cultive le châtaignier en futaies , en avenues
et en taillis. Les bois de taillis bien venus se coupent à l'âge de neuf ans et sont employés à faire
des cercles de tonneaux.

D. Comment cultive-t-on le châtaignier ?

R. Sa culture est la même que celle du chêne.
On plante à demeure à sept ou huit ans. Ceux
qu'on cultive pour leurs fruits , doivent être greffés en fente.

D. Quelles terres conviennent aux châtaigniers ?

R. Les châtaigniers viennent dans toutes les
terres ; mais ils préfèrent celles qui sont sableuses
et profondes.

De l'Orme.

D. Qu'est-ce que l'orme ?

R. C'est un arbre de la famille des amentacées
et du genre *ulmus*. Il y a plusieurs variétés. On
le cultive pour son bois qui est excellent pour le
charronnage, la menuiserie, la charpenterie et même pour l'ébenisterie. Le feuillage de l'orme est
un très-bon fourrage pour les bêtes bovines , les

moutons et les porcs. On cultive l'orme en taillis, en futaies, en bordures et en avenues.

Le bois d'orme est aussi un très-bon combustible.

D. Comment reproduit-on l'orme ?

R. Par semis, par plantes enracinées, par boutures et par marcottes.

Les semis doivent être faits en terre meuble ; la graine étant très-petite, ne doit être recouverte que le plus légèrement possible. Du reste, l'orme se cultive comme les autres grands arbres.

D. A quel âge plante-t-on l'orme à demeure ?

R. On plante à demeure à sept ou huit ans ; il faut couper toutes les branches.

D. Quel sol convient aux ormes ?

R. L'orme vient à peu près partout ; cependant, il préfère les sols sablonneux et frais. Il réussit mieux sur les bords de la mer que les autres arbres.

Du Hêtre.

D. Qu'est-ce que le hêtre ?

R. C'est un arbre de la famille des amentacées, du genre *fagus*. Son bois est employé par les tourneurs, les sabotiers, les charpentiers et les menuisiers ; il convient pour les ouvrages qui doivent être dans l'eau. C'est aussi un très-bon combustible. Son fruit sert à faire de très-bonne huile.

D. Comment cultive-t-on le hêtre ?

R. On le cultive en taillis ou en futaie. Sa culture est la même que celle du châtaignier. Quand on veut le cultiver en taillis, il vaut mieux le semer en place ; dans ce cas, il faut le mêler à d'autres espèces. Sa reprise est difficile.

D. Quelles terres conviennent aux hêtres ?

R. Les hêtres viennent à peu près partout ;

cependant, ils préfèrent les sols riches et profonds.

De l'Acacia.

D. Qu'est-ce que l'acacia?

R. C'est un arbre de la famille des légumineuses et du genre *robinia*; on l'appelle aussi robinier ou faux-acacia. Sa croissance est très-rapide.

Le bois d'acacia est très-recherché par les menuisiers, les charpentiers, les tourneurs et les charrons; c'est aussi un bon combustible.

On cultive l'acacia en taillis ou en futaies et comme arbre d'ornement. Les taillis peuvent être coupés tous les cinq ou six ans. Les perches droites peuvent être employées à faire des cercles. On fait aussi avec l'acacia de très-bonnes haies vives. Enfin, les feuilles de l'acacia sont un bon fourrage pour les vaches et les moutons.

D. Comment reproduit-on l'acacia?

R. On le reproduit par graines et par drageons; on le cultive comme le précédent; on plante à demeure à trois ou quatre ans.

D. Quelles terres conviennent à l'acacia?

R. L'acacia veut un sol sablonneux et sec.

Du Platane.

D. Qu'est-ce que le platane?

R. C'est un arbre de la famille des amentacées et du genre *platanus*. Il croît rapidement et acquiert de grandes dimensions. Son bois convient pour la menuiserie, l'ébénisterie et est un bon combustible.

D. Comment cultive-t-on le platane?

R. On le reproduit de graines, de marcottes ou de boutures; du reste, sa culture est la même que celle du précédent. On le plante à demeure à six

ou sept ans. On le cultive en bordures ou en avenues ; cultivé en avenues , on peut le tailler comme
le tilleul ; cultivé en bordures , on peut l'émonder
tous les quatre ou cinq ans.

D. Quelle terre convient au platane ?

R. Le platane veut un sol riche , frais et profond.

De l'Erable.

D. Qu'est-ce que l'érable ?

R. C'est un arbre de la famille des acérinées et
du genre *acer*. Il y a plusieurs variétés d'érables.
Les plus cultivées dans nos contrées , sont le commun , le plane et le sicomore. La croissance de
l'érable est très-rapide ; son bois est très-estimé
pour les ouvrages de tour , d'ébénisterie et pour la
fabrication des instruments de musique.

D. Comment reproduit-on l'érable ?

R. On le reproduit de graines qu'on sème en
automne. Ces graines restent très-longtemps en
terre avant de pousser ; on les a souvent vues ne
lever qu'au bout de dix-huit mois.

On plante l'érable à demeure à quatre ou cinq
ans.

D. Quelle terre convient à l'érable ?

R. L'érable veut une terre riche , graveleuse et
fraîche , sans être trop humide.

Du Frêne.

D. Qu'est-ce que le frêne ?

R. C'est un arbre de la famille des jasminées ,
du genre *fraxinus*. Le frêne croît lentement et
devient très-grand et très-gros. Son bois est très-
recherché pour le charronnage, la menuiserie et
l'ébénisterie ; c'est aussi un très-bon combustible.

D. Comment reproduit-on le frêne ?

R. On le reproduit par graines ou par rejetons. On préfère les semis qu'on fait vers le mois de février. On le cultive en taillis ou en futaies. La plantation à demeure se fait à cinq ou six ans.

D. Quelles terres conviennent au frêne?

R. Il réussit sur toutes les terres, pourvu qu'elles ne soient pas trop compactes.

Du Tilleul.

D. Qu'est-ce que le tilleul?

R. C'est un arbre de la famille des tilliacées et du genre *tilia*. Le plus ordinairement, on cultive le tilleul comme arbre d'ornement, parce qu'on peut, en le taillant, lui donner toutes les formes qu'on veut.

Le bois de tilleul est employé pour faire des sabots et de légers ouvrages de menuiserie. Son liber (seconde écorce) sert à faire de très-bonnes cordes. Enfin, ses fleurs sont employées en médecine.

D. Comment reproduit-on le tilleul?

R. Par semis, par marcottes et par drageons. On sème aussitôt que les graines sont mûres ou au printemps. Quand on sème au printemps, les graines sont quelquefois très-longtemps en terre avant de lever. On transplante le tilleul à demeure à l'âge de huit à dix ans.

D. Quel sol convient au tilleul?

R. Le tilleul veut un sol léger et profond.

Du Charme.

D. Qu'est-ce que le charme?

R. C'est un arbre de la famille des amentacées et du genre *carpinus*. Son bois convient pour le charronnage, pour les engrenages et pour les vis de pressoirs. Il ne faut l'employer que lorsqu'il est très-sec : c'est aussi un très-bon combustible.

On cultive aussi le charme pour en former des haies, des berceaux, des tonnelles : il prend alors le nom de charmille. On peut le tailler et lui donner la forme qu'on veut.

D. Comment le reproduit-on ?

R. On le reproduit de graines ou de rejetons : on le plante à demeure à sept ou huit ans.

D. Quelle terre convient au charme ?

R. Il vient sur toutes les terres, pourvu qu'elles conservent un peu de fraîcheur pendant l'été.

Du Noyer.

D. Qu'est-ce que le noyer ?

R. C'est un arbre de la famille des amentacées et du genre *juglans*. Son fruit est employé comme comestible ou à la fabrication d'une huile bonne à manger quand elle est fraîche. Son bois est très-estimé pour la menuiserie et l'ébénisterie. Cet arbre croit assez lentement.

D. Comment le cultive-t-on ?

R. On le reproduit par semis. On sème les noix à l'automne ou au printemps ; dans le dernier cas, on les stratifie.

Les semis en place doivent être préférés toutes les fois qu'ils sont possibles.

On plante le noyer à demeure à quatre ou cinq ans : on coupe le pivot.

D. Quelles terres conviennent au noyer ?

R. Le noyer vient à peu près partout où il n'y a pas trop d'humidité.

Du Bouleau.

D. Qu'est-ce que le bouleau ?

R. C'est un arbre de la famille des amentacées et du genre *bétula*. Son bois est employé par les tourneurs, les ébénistes et les sabotiers. Son écorce

ce sert à différents usages ; ses jeunes pousses sont employées à faire des balais.

D. Comment le cultive-t-on ?

R. On le reproduit de graines ou mieux de jeunes plants pris dans les bois. On le cultive en taillis ou en futaies. Il peut être employé, avec grand avantage, pour former des abris sur nos landes, où il est souvent si difficile de faire pousser d'autres bois.

D. Quelles terres conviennent au bouleau ?

R. Le bouleau est tellement rustique, qu'il vient même sur les plus mauvaises terres ; aussi est-il très-précieux pour nos contrées, où il n'est pas encore assez estimé.

De l'Aune.

D. Qu'est-ce que l'aune ?

R. C'est un arbre de la famille des amentacées et du genre *alnus*. Son bois est très-bon pour les ouvrages souterrains ou pour ceux qui doivent être constamment sous les eaux ; on en fait aussi des sabots. Son écorce est employée en teinture. Son charbon sert à faire de la poudre à canon.

D. Comment cultive-t-on et reproduit-on l'aune?

R. Par semis ou par bouture. On préfère la bouture : moins elle sort de terre, plus sa reprise est assurée. On cultive l'aune en taillis ou en futaies. Le premier mode de culture est le plus employé.

D. Quel sol convient à l'aune?

R. Il veut un terrain humide, mais qui ne soit pas constamment couvert d'eau.

Du Peuplier.

D. Qu'est-ce que le peuplier?

R. C'est un arbre de la famille des amentacées et du genre *popoleus*. Son bois est employé pour de légers ouvrages de charpenterie, pour la coffreterie et la menuiserie. On en fait aussi des échelles.

D. Quelles sont les variétés de peupliers cultivées dans nos contrées ?

R. Ce sont : 1° le blanc de Hollande ou ypréau, dont le dessus des feuilles est vert, le dessous, ainsi que les jeunes pousses, sont couverts d'un duvet blanc : c'est celui dont le bois est le plus résistant ; 2° le tremble, dont les feuilles, blanches en-dessous, sont continuellement agitées ; 3° le peuplier de Virginie, dont les feuilles ont la même forme que celle du tremble, mais n'ont pas de duvet ; 4° le peuplier pyramidal ou d'Italie.

On cultive aussi quelquefois, comme arbre d'ornement, le peuplier de la Caroline, dont les feuilles sont très-larges et qui croît très-rapidement.

D. Comment le reproduit-on ?

R. Par graines ou par boutures ; cette dernière méthode est même la seule suivie dans nos contrées.

D. Quel terrain convient au peuplier ?

R. Il veut un terrain aquatique ; cependant, i vient souvent dans des lieux un peu élevés, pourvu que la terre soit riche et fraîche.

Du Saule.

D. Qu'est-ce que le saule ?

R. C'est un arbre de la famille des amentacées et du genre *salix*. Il y en a un grand nombre de variétés ; celles qu'on cultive le plus en Bretagne sont le marceau et le blanc. Il en existe une variété, connue sous le nom de saule rampant ou à feuille de serpolet, qui serait très-propre à fixer les dunes mobiles de sable qu'on rencontre fréquemment sur nos côtes. Le bois de saule est employé par les tourneurs, les sabotiers, les coffretiers. Les branches servent à faire des fourches, des manches d'outils, des cercles et de très-bons fagots.

D. Comment cultive-t-on le saule?

R. On le reproduit de boutures, qu'on plante depuis le commencement de l'hiver jusqu'à la mi-mars. On le cultive en tètard ou en taillis.

D. Quel sol convient au saule?

R. Le saule vient dans tous les terrains frais; cependant, il préfère les terrains bas et humides.

De l'Osier.

D. Qu'est-ce que l'osier?

R. C'est une variété du saule, dont les jeunes pousses servent à faire des paniers, des vans, à lier les cercles des tonneaux, etc.

D. Comment cultive-t-on l'osier?

R. Le lieu où on cultive l'osier s'appelle oseraie. L'oseraie doit être placée sur un terrain gras et frais. On plante les boutures au plantoir, à un mètre de distance, en tous temps : elles doivent avoir de trente à trente-cinq centimètres de longueur. Les oseraies sont d'un très-bon rapport; aussi, il ne faut pas négliger de planter de l'osier partout où il peut réussir.

CHAPITRE XX.

DES ARBRES RÉSINEUX.

D. Pourquoi le pin, le sapin et le mélèze sont-ils appelés résineux?

R. Parce qu'ils contiennent un suc particulier qui sert à la fabrication des diverses résines.

D. Pourquoi ces arbres sont-ils appelés conifères?

R. A cause de leur fruit, qui a la forme conique.

D. Pourquoi le pin et le sapin sont-ils appelés arbres à feuilles persistantes ?

R. Parce que ces arbres ne perdent point leurs feuilles en hiver, comme les autres arbres.

Du Pin.

D. Quelles sont les variétés de pins les plus cultivées dans nos contrées ?

R. Ce sont le pin Sylvestre, le pin maritime et le pin de Riga.

Le bois de pin est employé en charpenterie, en menuiserie, etc.

D. Comment reproduit-on les pins ?

R. Les pins, comme tous les autres conifères, ne se reproduisent que de graines : on ne les cultive que comme futaie, car ils ne repoussent pas quand ils ont été coupés. On les sème en place ou en pépinière. Leur reprise étant difficile, il faut semer en place toutes les fois qu'on le peut.

D. Comment sème-t-on en place ?

R. Lorsque la terre destinée aux semis est unie, on donne un labour superficiel ; puis, on sème, à la fin de Mars, à la volée, en lignes espacées d'environ un mètre, et on recouvre à la herse.

Comme les jeunes pins craignent beaucoup les ardeurs du soleil pendant la première année, on sème en même temps de l'avoine, qu'on laisse périr sur pied. Si le terrain est couvert d'herbes, ajoncs, bruyères, etc., on tire de mètre en mètre des rigoles de cinq à six centimètres de profondeur, dans lesquelles on sème, et on recouvre au rateau.

D. N'y a-t-il pas encore quelqu'autre méthode de semer en place ?

R. L'auteur de ce traité a vu employer, avec succès, la méthode économique suivante : on labourait superficiellement de petits carrés de trente centimètres de côté, espacés d'un mètre en tous sens, dans lesquels on semait cinq à six graines.

D. Quels sont les soins à donner aux semis ?

R. Lorsque les jeunes plants sont assez forts pour pouvoir se passer d'abris, on sarcle et on bine. On éclaircit chaque année, jusqu'à ce que les plants se trouvent à une distance suffisante. On commence à élaguer à l'âge de sept ou huit ans. On coupe d'abord les branches les plus basses : on laisse cinq à six étages de branches. On renouvelle la coupe des branches tous les quatre à cinq ans. Il faut couper le plus près possible du tronc.

D. Comment fait-on les semis en pépinière ?

R. On choisit une terre douce, légère et ombragée, sur laquelle on sème à la volée ou en lignes, et on couvre au rateau. Quand les plants ont deux ans, on les repique en lignes espacées de cinquante centimètres, en laissant environ quarante centimètres entre les plants.

D. Quand se fait la plantation à demeure ?

R. On plante à demeure, quand les plants ont atteint environ deux mètres de hauteur. On transplante au printemps. Quand on plante en massifs, on doit mettre au moins sept mètres de distance en tout sens entre chaque plant. Quand on plante en avenues, quatre à cinq mètres suffisent.

D. Quelles terres conviennent aux pins ?

R. Le pin Sylvestre veut un sol léger ; le pin maritime vient dans les plus mauvaises terres, pourvu qu'elles ne soient pas trop humides : ces deux espèces conviennent pour nos landes ; le pin de Riga et les autres espèces veulent un sol léger, mais frais.

Du Sapin.

D. Quelles sont les variétés de sapin cultivées dans nos contrées ?

R. Ce sont le commun , dit à feuilles d'if, et l'é-picéa. Le bois de sapin à le même emploi que celui du pin.

Dans le Midi , on récolte la résine des résineux ; dans nos contrées , on ne les cultive que pour leur bois.

D. Quel sol convient aux sapins ?

R. Ils veulent un sol léger. L'épicéa croît sur les plus hautes montagnes.

D. Comment cultive-t-on les sapins ?

R. On les cultive comme les pins. Leur reprise est plus facile et on peut les planter plus près les uns des autres.

Du Mélèze.

D. Qu'est-ce que le mélèze ?

R. C'est un arbre résineux , à feuilles caduques (qui ne conserve pas ses feuilles en hiver), de la famille des conifères et du genre *larix*.

Le mélèze vient très-élevé ; son bois a le même emploi que celui des pins et des sapins.

D. Comment cultive-t-on le mélèze ?

R. Comme les pins et les sapins.

D. Quelle terre convient au mélèze ?

R. Il veut un sol sablonneux , frais et profond.

CINQUIÈME PARTIE.

ÉCONOMIE DU BÉTAIL.

CHAPITRE XXI.

NOTIONS GÉNÉRALES SUR LES ANIMAUX.

D. Qu'est-ce que la zoologie ?

R. C'est la partie de l'histoire naturelle qui traite des animaux.

D. Qu'appelle-t-on animaux ?

R. Les animaux sont des êtres organisés qui vivent, croissent et se reproduisent ; qui sont doués de mouvements spontanés, et possèdent un instinct suffisant pour distinguer ce qui leur convient de ce qui peut leur nuire.

D. Comment classe-t-on les animaux ?

R. En vertébrés (1) et invertébrés ?

D. Qu'appelle-t-on animaux vertébrés ?

R. On appelle vertébrés, les animaux qui ont des os, comme les quadrupèdes, les oiseaux, les poissons, certains reptiles.

D. Qu'appelle-t-on animaux invertébrés ?

R. On appelle invertébrés, les animaux qui n'ont pas d'os, comme les insectes, certains animaux à coquilles, etc.

D. Comment divise-t-on les animaux vertébrés ?

R. En quadrupèdes, oiseaux, reptiles et poissons.

D. Qu'appelle-t-on quadrupèdes ?

(1) Le mot vertébré vient de vertèbre. On appelle vertèbres, les os qui composent l'épine dorsale.

R. Ce sont des animaux vertébrés, ayant quatre pieds, comme le cheval, le chien, le renard, etc.

D. Qu'appelle-t-on oiseaux ?

R. Les oiseaux sont des animaux vertébrés, à deux pieds, et qui ont des plumes et des ailes pour les soutenir en l'air. Souvent les animaux à deux pieds sont appelés bipèdes.

D. Qu'appelle-t-on reptiles ?

R. Ce sont des animaux vertébrés, qui n'ont ni poil, ni plumes, ni mamelles. Les uns sont dépourvus de pieds, comme les serpents ; d'autres ont des pieds, comme les lézards, les grenouilles, etc. Le mot reptile veut dire animal qui rampe au lieu de marcher.

D. Qu'appelle-t-on poissons ?

R. Les poissons sont des animaux vertébrés qui naissent et vivent dans l'eau, qui ont des écailles qui défendent leur corps et des nageoires qui leur servent pour se mouvoir et se transporter d'un lieu dans un autre.

D. Qu'appelle-t-on insectes ?

R. Les insectes sont des animaux invertébrés, dont le corps est divisé en plusieurs parties et qui ont des membres articulés. Les uns ont des ailes, comme les mouches, les hannetons, les abeilles, et les autres n'ont que des pattes, comme les cloportes, certaines fourmis, etc.

D. Qu'appelle-t-on animaux ovipares et vivipares ?

R. On appelle ovipares, les animaux qui se reproduisent par des œufs. Les oiseaux, les poissons, les insectes et la majeure partie des reptiles sont ovipares. Il y a quelques poissons vivipares : l'anguille est de ce nombre. On appelle vivipares, les animaux qui ne se reproduisent pas par des œufs et dont les petits naissent tous formés. Tous les quadrupèdes domestiques sont vivipares.

D. Qu'appelle-t-on mammifères ?

R. Les animaux mammifères sont ceux dont les femelles ont des mamelles et nourrissent leurs petits de leur lait pendant un certain temps , comme la vache , la truie , la brebis , la chèvre , etc. (1).

D. Comment classe-t-on les animaux par rapport aux lieux où ils vivent ?

R. Ceux qui vivent dans l'air, sont dits aériens ; ceux qui vivent sur la terre , sont dits terrestres ; ceux qui vivent dans l'eau , sont dits aquatiques ; ceux qui vivent tantôt à terre et tantôt dans l'eau , sont dits amphibies. On appelle parasites , ceux qui vivent sur d'autres animaux.

D. Comment classe-t-on les animaux par rapport aux aliments dont ils se nourrissent ?

R. On appelle carnivores ou carnassiers , ceux qui mangent de la chair ; herbivores, ceux qui se nourrissent d'herbes ; frugivores, ceux qui vivent de fruits ; granivores, ceux qui mangent du grain ; insectivores , ceux qui se nourrissent d'insectes ; pessivores , ceux qui mangent des poissons, et omnivores , ceux qui mangent de tout.

D. Qu'appelle-t-on animaux ruminants ?

R. On appelle ruminants , des animaux herbivores qui ont plusieurs estomacs et qui ramènent dans la bouche les aliments qu'ils ont déjà mâchés et avalés pour leur faire subir une nouvelle mastication. Les ruminants n'ont généralement pas de dents incisives à la mâchoire supérieure : ils ont des cornes et le pied fourchu. Ils ont quatre estomacs. Il y a quelques ruminants qui n'ont pas de cornes et qui ont des incisives aux deux mâchoires, comme le chameau , etc.

---

(1) Il y a aussi des poissons mammifères , comme la baleine, le dauphin , etc. Les poissons mammifères portent le nom de cétacés.

D. De quoi se compose le corps des animaux ?

R. Le corps des animaux se compose de solides et de fluides. Les solides sont les os , les ligaments, les tendons, les nerfs, les artères, les veines, les chairs, la peau. Les liquides sont le sang , la lymphe et diverses autres humeurs vitales. L'ensemble des os forme le squelette. Les os sont réunis par des articulations ou joints qui permettent le mouvement aux diverses parties du corps. Ils sont maintenus en place par des ligaments flexibles. Les nerfs , les artères , les veines ont des fonctions dont ils sera parlé ci-après.

D. Qu'appelle-t-on organes ?

R. On appelle organes , les parties du corps qui servent à l'exécution des diverses fonctions de la vie animale et à l'entretien de cette même vie : ceux qui sont placés à la partie extérieure du corps s'appellent organes extérieurs , ceux qui sont renfermés dans le corps s'appellent organes intérieurs.

D. Comment divise-t-on les organes des mammifères terrestres ?

R. Les organes se divisent en organes de sensation , de locomotion , de digestion , de respiration, de reproduction et d'excrétion.

D. Quels sont les organes de sensation ?

R. Ce sont ceux qui mettent les animaux en rapport avec les objets extérieurs par le moyen des nerfs , qui transmettent au cerveau toutes les sensations perçues par les diverses parties du corps. On regarde le cerveau comme le siége de la sensibilité et comme le point où aboutissent tous les nerfs.

Les principales sensations animales sont : le tact, qui a pour organe la peau et presque toutes les parties du corps ; le goût, qui a pour organe la langue et le palais ; l'odorat, qui a pour organe les cavités nasales et certaines membranes ; l'audition, qui a pour organe l'oreille, et la vision, qui a pour organe l'œil.

D. Q'appelle-t-on organe de locomotion ?

R. Ce sont les membres qui servent à transporter l'animal d'un lieu dans un autre.

D. Quels sont les organes de digestion ?

R. Ce sont la bouche, la langue, les dents, le pharynx, l'œsophage, l'estomac et les intestins. La bouche, la langue et les dents servent à la mastication des aliments. Le pharynx est une cavité qui fait suite à la bouche et dans laquelle aboutissent les conduits aérifères et l'œsophage, qui est le canal qui sert à l'introduction des aliments dans l'estomac. L'estomac est un sac membraneux dans lequel les aliments sont transformés, par une première digestion, en une substance pâteuse appelée chyme. Les intestins, qu'on appelle vulgairement boyaux, sont ces longs canaux qui joignent l'estomac à l'organe excréteur ; on les divise en deux parties : l'intestin grêle et le gros intestin. C'est dans l'intestin grêle que se fait la seconde digestion, qui transforme le chyme en chyle et sépare la partie non-nutritive des aliments qui passe dans le gros intestin, d'où elle est expulsée par les organes excréteurs. Ce résidu de la digestion prend le nom d'excréments ou de déjections. C'est aussi à l'intestin grêle qu'aboutissent les vaisseaux qui absorbent le chyle et le répandent dans toutes les parties du corps, où il se change en sang, et dont il alimente la vie.

La forme et les dimensions des organes digestifs varient suivant la nature des aliments dont se nourrissent les animaux et suivant la manière dont se fait la digestion ; ainsi, les ruminants ont quatre estomacs : le premier s'appelle le rumen ou la panse, le second le réseau, le troisième le feuillet et le quatrième la caillette. On considère encore comme faisant partie de l'appareil digestif, le foie, la rate, etc.

D. Quels sont les organes de respiration ?

R. Ce sont les fosses nasales, la bouche, le pharynx, le canal aérifère et les deux poumons. Le canal aérifère se compose du larynx, organe spécial de la voix, de la trachée et des bronches. Les bronches sont deux conduits qui terminent la trachée et la mettent en communication avec les deux poumons.

La respiration a pour but principal la révivification du sang veineux, qui devient noir et perd ses principes vitaux par son passage dans les arteres. L'air atmosphérique, avec lequel le sang se trouve en contact dans les poumons, lui donne de nouveaux principes vitaux et lui restitue sa couleur rouge. L'introduction de l'air dans les poumons s'appelle respiration ; son expulsion, après qu'il s'est chargé des principes nuisibles contenus dans le sang, s'appelle expiration.

L'air qui a été respiré, étant vicié, n'est plus propre à une nouvelle respiration ; par conséquent, il est important d'établir dans les maisons, les étables et dans tous les lieux où il se réunit un grand nombre d'hommes et d'animaux, des ouvertures qui puissent donner issue à l'air vicié et introduire l'air pur. L'air, sans cesse vicié par la respiration des animaux et par la décomposition des matières organiques, deviendrait promptement impropre à entretenir la vie, s'il n'était sans cesse purifié par les végétaux, qui ont la propriété d'absorber les gaz nuisibles et particulièrement l'acide carbonique, qui est un des principaux éléments de leur nutrition.

D. Quels sont les organes de circulation ?

R. Ce sont le cœur, les artères et les veines qui servent à la circulation du sang , et les vaisseaux lymphatiques et chylifères qui servent à la circulation du chyle , dont nous avons parlé à l'article de la digestion , et de la lymphe , humeur dont la composition a beaucoup de rapport avec celle du sang , mais qui est de couleur différente. Voici comment se fait la circulation du sang : le cœur se contracte et pousse le sang dans les artères , qui le distribuent dans toutes les parties du corps ; les veines reçoivent le sang des artères et le rapportent au cœur, d'où il passe dans le poumon pour s'y révivifier , comme nous l'avons dit à l'article de la circulation.

D. Qu'appelle-t-on organes excréteurs ?

R. Ce sont ceux qui servent à l'expulsion des excréments et des urines (1).

D. Qu'appelle-t-on animaux sauvages et animaux domestiques ?

R. On appelle animaux sauvages , ceux qui vivent en liberté , et animaux domestiques, ceux que l'homme a apprivoisés pour partager ses travaux et souvent ses plaisirs, et lui fournir une partie de sa nourriture et de ses vêtements. Les quadrupèdes domestiques prennent le nom de bétail ou bestiaux.

D. Comment les agriculteurs classent-ils le bétail :

R. En bétail de trait et bétail de rente. On appelle bétail de trait , les animaux destinés à être

(1) Le genre de lecteurs auxquels cet ouvrage est spécialement destiné ne nous permet pas de nous occuper des organes reproducteurs. Les oiseaux, les reptiles et les poissons ont des organes de respiration , de digestion, de circulation et de locomotion différents entre eux et appropriés au genre de vie de chacun d'eux.

attelés, et bétail de rente, ceux qui sont destinés à la vente ou à fournir certains produits, comme le lait, le beurre, la laine, la viande, etc.

D. Qu'appelle-t-on éducation du bétail ?

R. C'est l'art de faire naître, d'élever et soigner les animaux domestiques.

D. Que signifient les mots espèce chevaline, espèce bovine, espèce ovine, espèce porcine ?

R. Les animaux d'espèce chevaline sont le cheval, l'âne et le mulet. Les animaux d'espèce bovine sont le bœuf et la vache. L'espèce ovine comprend le mouton et la chèvre. L'espèce porcine comprend le porc et la truie.

D. Qu'appelle-t-on race ?

R. On appelle race, les animaux de même espèce, qui présentent les mêmes caractères, propagés par plusieurs générations. L'union de deux individus de race différente produit ce qu'on appelle des métis. Ces unions ont pour but l'amélioration des races. Les races provenant de ces unions sont sujettes à dégénérer, si elles ne sont pas convenablement traitées.

D. Comment améliore-t-on une race d'animaux ?

R. Il y a deux manières d'améliorer les races : par elles-mêmes ou par croisement.

D. Comment améliore-t-on une race par elle-même ?

R. En ayant soin de ne livrer à la reproduction que des animaux de choix, bien conformés et pas trop jeunes, et surtout en améliorant, en même temps, la nourriture, en assainissant les logements et en soignant convenablement.

Cette méthode est plus lente que le croisement; mais elle offre moins de chances de non réussite, surtout dans les contrées où la culture fourragère est peu avancée.

D. Comment améliore-t-on par croisement?

R. Le croisement se fait en accouplant, avec les animaux du pays, des animaux étrangers possédant les qualités contraires aux défauts qu'on veut corriger. Le croisement ne peut avoir lieu qu'entre les animaux de même espèce.

Les produits du croisement tiennent du père, pour la partie antérieure du corps, l'aptitude au travail et la sobriété. Ils tiennent de la mère, pour la partie postérieure du corps, pour la taille et pour le caractère. Les femelles tiennent plus du père, et les mâles plus de la mère. La plus ancienne des deux races, est ordinairement celle qui prédomine dans le produit. Ces règles ne sont pas sans exceptions.

D. Quelles sont donc les principales qualités d'un bon croisement ?

R. Pour que le croisement produise de bons effets, il faut qu'il n'y ait pas trop de disproportion entre les deux races, ni sous le rapport de la taille, ni sous celui des formes. Il faut aussi que le climat sous lequel se fait le croisement, ne diffère pas trop de celui sous lequel sont nés et ont été élevés les animaux améliorateurs. La chose essentielle, pour la réussite de l'opération, c'est de nourrir abondamment, de loger sainement et de soigner convenablement. C'est en vain qu'on introduira du sang étranger dans une race, si on n'améliore pas, en même temps, la nourriture, le logement et les soins ; surtout quand il s'agit d'augmenter la taille, l'aptitude à l'engraissement et la production du lait.

Nos cultivateurs Bretons ne tiennent pas assez compte de ce principe, particulièrement en ce qui concerne les espèces bovines et porcines ; et c'est à cela qu'on doit attribuer le peu de résultat de la plupart des essais d'amélioration tentés dans notre pays.

D. Qu'entend-t-on par ration d'entretien et ration de produit ?

R. On appelle ration d'entretien , celle qui est strictement nécessaire pour faire vivre l'animal , sans lui demander ni travail ni produit.

Cette ration doit, dit-on , être de deux kilos 1/2 de bon foin , par cent kilos du poids de l'animal , pour un cheval de trait ; de trois kilos pour cent pour un bœuf de travail , pour une vache et pour un mouton ; de cinq kilos pour cent pour une bête à l'engrais, ou de l'équivalent en racines , grain ou autres fourrages.

La ration de produit est tout ce qu'on ajoute en plus. Cette partie de la ration doit toujours être en rapport avec le travail ou le produit qu'on veut obtenir.

Voici , d'après la moyenne d'une dizaine d'auteurs , la valeur comparative des fourrages.

Il faut , pour représenter une valeur nutritive égale à celle de cent kilos de foin de première qualité :

FOURRAGES SECS.

Bon foin de prairies.	100 kilos.
Foin de trèfle.	90.
Id. de vesce.	92.
Id. de regain.	102.
Paille de trèfle, pois et vesce. .	150.
Paille d'orge.	200.
Id. d'avoine	225.
Id. de froment. . . . ,	375.
Id. de seigle.	410.

GRAIN.

Froment et seigle.	50 kilos.

Avoine et orge. . . . . . . 60.
Blé-noir. . . . . 65.
Son. . . . . 102.

FOURRAGES VERTS.

Trèfle , luzerne , céréales en vert , 410 kilos.
Choux. . , ... 540.
Ajonc. . . . . 400.
Feuilles de navets et betteraves ,
   tiges de pommes de terre. . . 600.

RACINES.

Pommes de terre crues. . . . 250 kilos.
   Id. cuites. . . . . . . 200.
Betteraves jaunes. . . . . . 260.
   Id. rouges. . . . . . 280.
Carottes. . . . . 260.
Navets. . . . . 400.
Rutabagas. . . . . 310.

D. Quelles sont les conditions essentielles pour pouvoir se livrer avec avantage à l'éducation du bétail ?

R. Il faut connaître parfaitement les qualités et les défauts des bestiaux ; les signes qui indiquent leur aptitude à tel genre de service. Il faut toujours être au courant des prix de vente et d'achat ; connaître le moment favorable pour vendre et acheter. Il faut aussi être au courant des ruses des marchands, non pour en user, car on ne peut le faire sans manquer à la probité , mais pour ne pas en être dupe. Il faut aussi être largement pourvu de fourrages, avoir des logements sains , et des aides capables de soigner convenablement. Le maître doit surveiller attentivement tout ce qui a rapport au soin du bétail, s'il ne veut pas s'exposer à de grands mécomptes.

CHAPITRE XXII.

ESPÈCE CHEVALINE , OU CHEVAL.

D. Qu'est-ce que le cheval ?

R. C'est un quadrupède mammifère , herbivore
et solipède.

La femelle s'appelle jument. Le petit s'appelle
poulain , si c'est un mâle ; pouliche, si c'est une
femelle.

D. Que signifie le mot solipède ?

R. On appelle solipède , les animaux qui n'ont
qu'un seul sabot à chaque pied.

D. Quelle est l'espèce de chevaux la plus avantageuse à élever en Bretagne ?

R. Il est impossible d'indiquer à l'avance , la
race de chevaux à introduire dans une exploitation. Cela dépend de la position dans laquelle se
trouve l'éleveur ; tant sous le rapport de ses connaissances spéciales , que sous celui des capitaux
dont il peut disposer ; de la situation de l'exploitation et des débouchés qu'il peut avoir.

Il y a des moments où tel genre de cheval se
vend mieux que tel autre. L'éducation du cheval
fin, exige des connaissances spéciales, des capitaux
plus considérables , et expose à plus de chances
de pertes que celle du cheval de carrosse ou de
gros trait.

Il y a des circonstances où il est plus avantageux
d'acheter des élèves que de les faire naître. C'est
l'éleveur seul qui est apte à juger toutes ces circonstances.

D. Quels sont les signes qui indiquent un bon
cheval de trait?

R. Un bon cheval de trait doit avoir la tête bien

proportionnée à la grandeur du corps, l'œil vif, l'encolure forte, le poitrail large, le corps ramassé, les jambes de devant droites, celles de derrière suffisamment ouvertes, pour que les jarrets ne se touchent pas ; le sabot solide et bien régulier, le pas assuré et bien réglé.

D. Comment connaît-on l'âge des chevaux ?

R. Par leurs dents incisives.

D. Qu'appelle-t-on dents incisives ?

R. On appelle dents incisives, les dents tranchantes qui sont placées dans le devant de la bouche, et qui servent à couper les aliments.

D. Combien les chevaux ont-ils de dents incisives ?

R. Ils en ont six à chaque mâchoire.

D. Quel est le nom particulier des dents incisives ?

R. Les deux du milieu s'appellent pinces ; celles qui viennent après, s'appellent mitoyennes ; les deux dernières, prennent le nom de coins.

Les dents incisives portent, à leur milieu, un creux qu'on appelle cornet dentaire. Ce cornet disparaît peu à peu par l'usure ; et c'est ce qu'on appelle *rasement*.

D. Comment appelle-t-on les autres dents ?

R. Celles qui sont placées au fond de la bouche, et qui sont au nombre de douze à chaque mâchoire, portent le nom de molaires. Les mâles ont, en outre, à la mâchoire supérieure, et quelquefois aux deux, deux autres dents angulaires appelées crochets, d'où il résulte que les chevaux ont quarante dents et les juments trente-six. On voit quelquefois des juments avoir des crochets, mais cela est fort rare.

D. Qu'entend-on par dents de lait ou dents caduques ?

R. On appelle dents de lait, celles qui sortent depuis la naissance jusqu'à l'âge d'un an, et qui s'usent et tombent d'un an à deux ans.

D. Qu'appelle-t-on dents de remplacement ou dents permanentes ?

R. Ce sont celles qui sortent de deux ans et demi à cinq ans, et qui durent pendant toute la vie de l'animal.

D. Comment distingue-t-on les dents de lait des dents de remplacement ?

R. Les dents de lait sont plus blanches que les dents de remplacement ; leur collet est plus déprimé, et, de plus, la partie extérieure des dents de lait est striée (rayée), et celle des dents de remplacement ne l'est pas.

D. Comment connaît-on l'âge depuis la naissance jusqu'à deux ans ?

R. Les pinces de lait sortent vers le huitième jour après la naissance ; les mitoyennes, du trentième au quarantième jour, et les coins, entre le sixième et le dixième mois.

Les dents de lait sont toutes rasées à deux ans.

D. Comment connaît-on l'âge de deux à cinq ans ?

R. Les pinces de remplacement sortent de deux ans et demi à trois ans et demi ; les mitoyennes, de 3 ans et demi à quatre ans, et les coins, de quatre ans et demi à cinq ans. On dit alors que le cheval a tout mis.

Les crochets sortent entre trois ans et demi et cinq ans.

D Comment connaît-on l'âge de cinq à dix ans ?

R. A six ans, les pinces inférieures sont rasées ; les mitoyennes inférieures sont rasées à sept ans, et les coins inférieurs à huit. Les pinces supérieures sont rasées à neuf ans et les coins supérieurs à dix.

D. Comment classe-t-on la nourriture des chevaux ?

R. En nourriture d'hiver, dite nourriture sèche, et nourriture d'été, dite nourriture verte.

Il y a des chevaux qui sont nourris au sec toute l'année.

D. De quoi se compose la nourriture sèche ou d'hiver ?

R. De foin, paille, grain, racines, ajonc pilé, etc. Il faut, autant que possible, varier les aliments.

D. Quelles sont les racines qui conviennent aux chevaux ?

R. Ce sont les carrottes, les panais et les pommes de terre. Quelquefois, on leur donne aussi des betteraves et des rutabagas. Ordinairement, les pommes de terre se donnent cuites ; on les mêle à la paille hachée ou on les délaye dans de l'eau chaude.

D. De quoi se compose la nourriture verte ou d'été ?

R. De fourrages verts, trèfle, luzerne, herbes de prairies, céréales fauchées en verts, etc.

D. Quelle est la ration ordinaire d'un cheval de taille moyenne ?

R. La nourriture doit toujours être en rapport avec la taille de l'animal et le genre de travail auquel il est soumis.

Pour un cheval moyen, soumis aux travaux ordinaires d'une ferme, la ration est de dix kilogrammes de foin et dix kilogrammes de paille. La paille qui n'est pas mangée sert pour litière. On donne en outre quatre à cinq litres d'avoine.

Quand on donne des racines, on remplace la moitié du foin par le triple de son poids en racines. Quand on donne de l'ajonc, on retranche une quantité de foin égale au quart du poids de l'ajonc.

Quand les chevaux travaillent peu , on peut retrancher l'avoine.

La nourriture d'été se compose de cinquante à soixante kilogrammes de fourrages verts.

D. Comment distribue-t-on les rations ?

R. Il faut , autant que possible , les donner toujours à la même heure. Ordinairement , les rations se donnent en trois repas. Le repas du matin commence deux à trois heures avant la sortie des attelages ; celui de midi se donne aussitôt que les chevaux sont rentrés et doit durer au moins deux heures à deux heures et demie ; enfin , le repas du soir commence aussitôt que les chevaux sont rentrés et qu'ils ont été bouchonnés.

D. Quels soins doit-on apporter dans la préparation des rations ?

R. L'avoine doit être bien criblée et secouée ; le foin et la paille doivent aussi être bien secoués ; les racines doivent être coupées ainsi que l'ajonc.

Quelquefois , on hache la paille et même le foin ; il faut alors les humecter légèrement , pour empêcher que la respiration des chevaux ne les fasse sortir de la mangeoire.

Il faut avoir soin de bien nettoyer les mangeoires avant d'y mettre les rations.

D. Quelles sont les précautions à prendre pour passer de la nourriture d'hiver à la nourriture d'été ?

R. Le changement de nourriture doit se faire progressivement. On donne , pendant cinq à six jours , un quart de fourrage vert et trois quarts de fourrages secs ; puis , pendant le même temps , moitié l'un et moitié l'autre ; puis , on ne met plus qu'un quart de fourrage sec , et , enfin , on ne donne plus que du vert. Il faut que le mélange

˟soit bien fait, pour que les chevaux ne trient pas
de fourrage vert.

Lorsqu'on donne du trèfle, de la luzerne et
d'autres fourrages de la famille des légumineuses, il
faut couper chaque jour la ration de la journée et
ne pas entasser les fourrages, dans la crainte qu'ils
ne fermentent ; car alors, ils pourraient produire
la météorisation (1).

D. Les chevaux doivent-ils boire souvent ?

R. Ils doivent boire au moins à chaque repas.

Il ne faut jamais les faire boire lorsqu'ils ont
chaud.

D. Quels sont les autres soins à donner aux chevaux ?

R. Il faut les étriller et les brosser au moins une
fois par jour, et les bouchonner toutes les fois
qu'ils rentrent à l'écurie mouillés par la sueur ou
par la pluie et lorsqu'on a fini de les étriller.

Quand les chevaux rentrent en sueur, il faut
fermer les ouvertures jusqu'à ce que la transpira-
tion soit passée.

En été, il faut baigner les chevaux le plus souvent possible.

D. Comment doit-on disposer les écuries ?

R. Les écuries doivent être disposées de manière à ce que l'air puisse y être facilement renouvelé ; par conséquent, il faut, autant que possible,
placer les ouvertures les unes vis-à-vis des autres
pour y établir des courants d'air.

Les écuries doivent avoir au moins six mètres
de largeur et une longueur suffisante pour que
chaque cheval puisse avoir une place d'au moins
un mètre trente centimètres de largeur. La hauteur doit être d'au moins trois mètres cinquante

____

(1) Ce mot sera expliqué à l'article des maladies.

centimètres. Le sol doit être solide, ou mieux, pavé, et être assez incliné vers le derrière pour que les urines s'écoulent facilement dans une rigole pratiquée dans la partie la plus basse de l'écurie.

D. Comment doit-on placer les rateliers et les mangeoires ?

R. Les mangeoires doivent être à un mètre au-dessus du sol. Les rateliers doivent être placés un peu en arrière des mangeoires et à soixante centimètres au-dessus.

D. Quels sont les soins de propreté à donner aux écuries ?

R. Il faut, autant que possible, que les murs soient blanchis et crépis. Il faut les épousseter souvent et enlever avec soin les toiles d'araignées. Il faut tenir les portes et fenêtres ouvertes quand les chevaux sont dehors.

Il faut enlever le fumier tous les matins. La litière non-salie est relevée sous les mangeoires et le soir on la met sous la litière fraîche.

D. Est-ce ainsi que les cultivateurs Bretons tiennent leurs écuries ?

R. Non, certes ; dans nos contrées, les écuries manquent d'air et sont fort sales ; jamais on enlève les toiles d'araignées, ni la poussière. Le fumier reste trois à quatre mois dans les écuries. On peut dire, avec certitude, que la majeure partie des maladies qui attaquent nos animaux est due à la mauvaise disposition et à la malpropreté des écuries.

D. A quelle âge peut-on atteler les chevaux ?

R. On ne doit pas les soumettre à un travail suivi avant l'âge de trois ans, et encore, à cet âge, il faut les ménager. On peut commencer, à deux ans, à leur mettre les équipages et à les faire traîner de légers fardeaux, pour les habituer peu à peu aux travaux.

D.

D. Quelle doit être la durée de la journée de travail d'un cheval?

R. Neuf à dix heures au plus, avec un repos d'au moins deux heures au milieu du jour.

D. A quel âge les bêtes chevalines peuvent-elles être livrées à la reproduction?

R. Les juments à trois ans et les chevaux à quatre.

D. Qu'appelle-t-on gestation?

R. C'est le temps pendant lequel les petits animaux restent dans le sein de leur mère.

D. Quelle est la durée de la gestation chez la jument?

R. Onze à douze mois.

D. Quels sont les soins à donner aux juments pleines?

R. Pendant toute la durée de la gestation, il faut les soumettre à un travail modéré, qui doit aller en diminuant jusqu'au dixième mois, époque à laquelle il doit cesser tout-à-fait. A ce moment, on les met dans des écuries séparées, sans les attacher.

Il ne faut jamais faire galoper les juments pleines et il faut éviter qu'elles ne se heurtent.

Pendant la gestation et l'allaitement, les juments doivent recevoir une nourriture substantielle, mais pas trop abondante.

D. Quels soins doit-on donner aux poulains?

R. Aussitôt qu'ils sont nés, on leur répand sur le corps quelques grains de sel, pour engager la mère à les lécher; quelque temps après, on les fait téter, ce qu'il faut faire de temps en temps jusqu'à ce qu'ils puissent le faire seuls. Il faut les tenir chaudement pendant les premiers jours. Au bout de huit jours, ils peuvent sortir avec leur mère, qui alors peut être soumise à un travail modéré. Lorsque le travail de la mère doit durer plus de deux heures, le poulain doit rester à l'étable ; mais il faut alors que la mère rentre tous les deux à trois heures pour que le poulain puisse téter, car il souffrirait de rester trop longtemps sans téter et le lait gènerait la mère.

D. Quand et comment sèvre-t-on les poulains ?

R. On sèvre les poulains à quatre ou cinq mois ; pour cela, on les sépare progressivement de la mère, en diminuant chaque jour le temps qu'ils passent près d'elle. Lorsqu'ils ont tout à fait cessé de téter, on leur donne, pendant deux à trois jours, un peu de lait de vache ; puis, on finit par leur donner la même nourriture qu'aux autres chevaux.

Quand on veut élever des chevaux, il faut avoir à proximité de la ferme quelque bonne pâture sèche, dans laquelle on puisse mettre les poulains, une bonne partie de la journée, pendant la belle saison. Rien ne contribue plus au développement du corps des jeunes chevaux que l'exercice.

D. Quelles précautions doit-on prendre pour le harnachement ?

R. Les harnais doivent toujours être faits de manière à ne pas gêner les mouvements des animaux et à ne pas les blesser ; ils doivent être tenus proprement et toujours placés dans les écuries de manière à ne pas gêner le passage et à ne pas être foulés aux pieds. Il ne faut pas, comme on le fait trop souvent, les laisser traîner sur le fumier, où ils se détériorent.

D. Quelles précautions doit-on prendre à l'égard de la ferrure ?

R. Aussitôt que les fers sont usés ou perdus, il faut les remplacer. La corne doit être parée de manière que le fer porte partout. Les clous doivent

être mis de manière à ne pas piquer les chevaux.
Il faut s'adresser pour cela à un bon maréchal.

De l'Ane.

D. Qu'est-ce que l'âne?

R. C'est un quadrupède solipède mammifère, et herbivore. Cet animal est très-sobre et rend de grands services aux petits cultivateurs. Il n'est pas apprécié à sa valeur. La race de notre pays est petite, mais infatigable; il serait facile de lui donner plus de taille, par des croisements avec les races du Midi et en la nourrissant et la soignant mieux.

D. Comment élève-t-on et traite-t-on l'âne?

R. Absolument comme les chevaux. Ses aliments sont les mêmes; seulement, on peut lui donner les fourrages les plus grossiers, dont il se contente fort bien.

Du Mulet.

D. Qu'est-ce que le mulet?

R. C'est un quadrupède, solipède, mammifère et herbivore, provenant de l'accouplement de la jument avec l'âne ou quelquefois, mais rarement, du cheval avec l'ânesse.

Le mulet est, pour certaines parties de la France, une source de richesse. Il serait à désirer qu'il fût fait, en Bretagne, quelques essais de production de mulets; cela pourrait être une ressource pour nos cultivateurs, lorsque les chevaux se vendent mal. On nourrit et on élève les mulets comme les chevaux.

CHAPITRE XXVIII.

DES BÊTES BOVINES.

D. A quelle classe appartiennent les animaux de race bovine?

R. Ce sont des quadrupèdes à pied fourchu, c'est-à-dire, qui ont deux doigts et deux sabots à chaque pied. Ils sont mammifères, herbivores et ruminants.

Le mâle s'appelle taureau ; quand on le met au travail ou à l'engrais, il prend le nom de bœuf. La femelle s'appelle vache. Le petit s'appelle veau, si c'est un mâle, et génisse, si c'est une femelle ; elle porte ce nom jusqu'à ce qu'elle ait vêlé.

D. Quels sont les signes indicateurs de l'âge des bêtes bovines ?

R. Ce sont leurs dents incisives et leurs cornes.

D. Comment classe-t-on les dents des bêtes bovines ?

R. Comme celles des chevaux, en caduques et en permanentes. Celles du fond de la bouche s'appellent aussi molaires, et celles du devant incisives ; celles-ci sont au nombre de huit à la mâchoire inférieure. La mâchoire supérieure en est dépourvue, comme chez les ruminants. Les incisives portent les mêmes noms que celles des chevaux ; seulement, comme il y a deux mitoyennes de chaque côté, celles qui sont le plus près des pinces s'appellent premières mitoyennes ; celles qui sont près des coins, secondes mitoyennes.

D. Comment connaît-on l'âge par les dents ?

R. Les dents de lait sortent dans les premiers jours qui suivent la naissance ; les pinces de lait sont rasées à sept mois ; les premières mitoyennes, entre douze et treize mois ; les secondes mitoyennes, deux mois après, et les coins, vers dix-huit mois. A cet âge, les dents de lait ne tiennent plus dans les mâchoires. Les pinces permanentes sortent de dix-huit à vingt mois ; les premières mitoyennes, de vingt-quatre à trente ; les secondes mitoyennes, de trois ans et demi à quatre ans; enfin, les coins sortent entre quatre ans et demi et cinq ans.

D. Comment connaît-on l'âge par les cornes ?

R. On compte chacun des cercles marqués sur les cornes pour un an, et, comme ces cercles ne commencent à paraître qu'à trois ans, on ajoute trois au nombre des cercles trouvés ; ainsi, une vache dont les cornes ont trois cercles, est âgée de six ans.

D. Quels sont les signes caractéristiques d'un bon taureau ?

R. Un bon taureau doit avoir la tête courte, les cornes peu longues, l'œil vif, le corps bien développé, les jambes courtes, le poil fin.

D. A quel âge les bêtes bovines peuvent-elles se reproduire?

R. Il faut, autant que possible, attendre l'âge de trois ans pour les livrer à la reproduction.

D. Quels sont les soins à donner aux vaches pleines ?

R. Ils sont les mêmes que ceux indiqués pour les juments.

D. Quelle est la durée de la gestation des vaches?

R. Neuf à dix mois.

D. Comment traite-t-on les jeunes veaux ?

R. Dans nos contrées, on les laisse téter jusqu'au moment où on les vend au boucher ou jusqu'à l'époque du sevrage. Le plus souvent, les veaux de boucherie sont vendus trop jeunes, parce qu'il est rare que les cultivateurs trouvent de l'avantage à les garder plus longtemps.

Voici comme on traite les veaux dans les pays plus avancés que le nôtre. On les sépare de la mère aussitôt qu'ils sont nés. Pendant la première quinzaine, on leur donne tout le lait de la mère ; au bout de ce temps, on diminue progressivement le lait et on ajoute de l'eau et de la farine ; à six semaines, on supprime totalement le lait, et on donne à ceux qu'on veut élever, la même nourriture qu'aux autres bêtes.

D. Quels sont les signes indiquant une bonne laitière ?

R. Ce sont la tête fine, le poil fin, la peau souple et non adhérente aux côtes, le pis bien développé, sans être charnu. De grosses veines sous le ventre sont aussi regardées comme de bons indices.

Les indices les plus sûrs, sont ceux fournis par Guénon, que nous ne pouvons indiquer ici, et qui consistent dans certaines marques qui existent sur le pis et les parties voisines.

D. Quel est le meilleur mode de nourriture pour les vaches laitières?

R. Dans les contrées peu avancées et où les prairies artificielles ne sont pas encore introduites, on est forcé de nourrir au pâturage. Quand on peut adopter un assolement alterne, avec prairies artificielles et racines fourragères, la stabulation doit être préférée, si ce n'est pour les jeunes bêtes qui ont besoin de beaucoup d'exercice et qui doivent aller au pâturage jusqu'à trois ans.

D. En quoi consiste la stabulation ?

R. A nourrir les bêtes constamment à l'étable ; seulement, on les fait sortir pendant une heure le matin et le soir, pour prendre l'air. Il est prouvé que la stabulation n'est nullement nuisible aux animaux, quand on a des étables bien disposées et qu'elle augmente considérablement la production des engrais, quand on nourrit convenablement. Quand on veut soumettre les animaux à cette méthode, il faut diminuer progressivement le temps qu'ils passent dehors, et ne pas passer subitement du pâturage à la stabulation.

D. Comment doit-on disposer les étables?

R. Comme les écuries, seulement les mangeoires ne doivent pas être élevées de plus de soixante centimètres, et les râteliers de plus d'un mètre au-dessus du sol. Il faut enlever le fumier au moins tous les quinze jours, et araigner et épousseter le plafond.

D. De quoi se compose la nourriture des vaches à l'étable?

R. La nourriture à l'étable se classe comme celle des chevaux, en nourriture d'été et nourriture d'hiver, et se compose des mêmes fourrages et de quelques autres plantes qui ne conviennent point aux chevaux, comme navets, navette, colza en vert, choux, chicorée sauvage, betteraves, etc.

D. Quelle est la ration ordinaire d'une vache de taille moyenne, de race bretonne?

R. Quand on adopte la stabulation, on donne les rations en trois repas, et on les compose comme suit : en hiver, cinq à six kilogrammes de foin, dix à douze kilogrammes de paille et dix à douze kilogrammes de racines. On peut remplacer tout ou partie du foin par le triple de son poids en racines, ou le quadruple de son poids en ajonc bien broyé. En été, on donne quarante à cinquante kilogrammes de fourrage vert.

D. Quelle préparation doit-on faire subir aux rations ?

R. Les mêmes que celles indiquées pour les chevaux.

Les racines cuites ne conviennent point aux vaches laitières , car elles poussent trop à la graisse.

Quand on donne des pommes de terre crues, il est bon de les faire fermenter , pour leur enlever leur propriété purgative. Voici comment on les prépare : on les hache, le plus menu possible , puis on les met dans un cuvier ; on les couvre de planches sur lesquelles on met des pierres ; la fermentation s'y développe au bout de deux à trois jours , et on peut alors les donner sans inconvénient.

D. Comment nourrit-on au pâturage ?

R. Dans nos contrées, les pâturages permanents sont rarement bons ; il vaudrait mieux avoir des pâturages semés et composés de bonnes plantes. Il ne faut pas mettre les vaches au pâturage quand il pleut.

Quand on nourrit au pâturage , il faut , autant que possible , avoir un peu de foin ou quelques racines pour donner aux bêtes pendant la nuit. Il n'est pas possible que celles qui ne reçoivent que de la paille à l'étable en hiver , puissent donner beaucoup de lait.

D. Quels sont les autres soins à donner aux vaches ?

R. Il faut les faire boire au moins deux fois par jour ; les étriller et les bouchonner tous les jours ; faire la litière de manière qu'elles ne soient jamais sales ?

D. Comment doit-on traire les vaches ?

R. La propreté exige que le pis soit lavé avec une grosse éponge avant de commencer à traire. Il faut traire jusqu'à la dernière goutte, car c'est le meilleur lait qui vient le dernier ; et, d'ailleurs, lorsqu'il reste du lait dans le pis, les vaches se tarissent promptement.

D. Quels sont les soins à donner au lait ?

R. Aussitôt que le lait est trait, on le passe au passoir pour en séparer les corps étrangers qui ont pu y tomber pendant qu'on trayait.

Quand on veut écrémer le lait, il faut le mettre dans des vases évasés et peu profonds ; la crème y monte bien mieux que dans les vases profonds dont on se sert dans certaines parties de la Bretagne.

Tous les vases qui servent à la préparation des laitages, doivent être tenus avec la plus grande propreté. Il ne faut jamais laisser séjourner le lait chaud dans les vases de cuivre non étamés ; car il s'y produit très-promptement du vert de gris.

D. Comment faut-il préparer le beurre ?

R. Quand le lait est prêt, au point qu'une paille peut y tenir droite, on le met dans la baratte, on le bat sans cesser, jusqu'à ce que le beurre soit formé. Quand on se sert de la baratte à cuvette, on met, en hiver, de l'eau chaude dans la cuvette, et de l'eau froide en été. Aussitôt que le beurre est sorti de la baratte, il faut le laver et le pétrir, jusqu'à ce qu'il n'en sorte plus de petit lait ; puis, on y passe, en tous sens, un couteau pour en retirer le poil, et on sale.

D. Ne pourrait-on pas faire des fromages dans nos contrées ?

R. Nos laitages étant de qualité excellente, quand ils sont bien préparés, il y aurait probablement de l'avantage à introduire cette industrie dans notre pays. On y a déjà fait des essais qui ont bien réussi.

D. Quels sont les signes qui indiquent un bon bœuf de travail ?

R. Les bœufs de travail devant finir par être mis à l'engrais, il faut choisir ceux qui présentent les signes indiquant les dispositions à s'engraisser promptement, dont il sera parlé ci-après.

D. Lequel doit-on préférer, comme bête de trait, du bœuf ou du cheval?

R. Cela dépend de la position de l'exploitation; si les terres ne sont pas trop éloignées, si on a peu de charrois à faire, on peut prendre des bœufs; si le contraire a lieu, il faut absolument avoir des chevaux.

D. Quelles raisons fait-on valoir en faveur du cheval?

R. On dit, avec raison, que le cheval a une marche plus rapide, qu'il peut fournir un plus grand nombre d'heures de travail par jour et que, par conséquent, il convient mieux pour les charrois.

D. Quelle raison fait-on valoir en faveur des bœufs?

R. On dit que les bœufs coûtent moins cher que les chevaux, que leur nourriture est moins dispendieuse, que leur harnachement est moins coûteux; que, s'il arrive un accident à un bœuf, on peut en tirer parti, soit en le mettant à l'engrais, si l'accident n'est pas trop grave; ou en le tuant, si l'accident est grave, ce qui n'a pas lieu pour le cheval.

D. A quel âge peut-on atteler les bœufs?

R. A trois ans, on peut commencer à les atteler; mais ce n'est qu'à quatre ans qu'on peut en exiger une journée complète. On commence vers l'âge de deux ans à les exercer à traîner de légers fardeaux.

La journée de travail du bœuf ne doit pas être de plus de huit heures, avec un repos de deux à trois heures, au milieu du jour.

D. Ne pourrait-on pas atteler aussi les vaches ?

R. Dans plusieurs parties de la France, les vaches sont attelées, et il est reconnu qu'elles peuvent supporter un travail d'une durée de cinq à six heures par jour, sans que la production du lait soit notablement diminuée, et sans que la qualité en soit altérée.

Quand les vaches travaillent, il faut nécessairement augmenter la nourriture, si on ne veut pas que le lait diminue.

D. Quelle est la meilleure manière d'atteler les bêtes bovines ?

R. Les uns préfèrent le joug, les autres, encore en petit nombre, préfèrent le collier. L'auteur de ce livre a vu atteler au collier pendant huit ans, et on s'en trouvait fort bien. Il pense que l'attelage à la bricole serait le plus commode. Il serait à désirer qu'il fut fait quelques essais de ce dernier mode d'attelage, moins coûteux et plus commode que le collier.

D. Comment nourrit-on et comment soigne-t-on les bœufs de travail ?

R. Leurs aliments sont les mêmes que ceux des vaches ; mais leurs rations doivent être plus fortes, suivant leur taille et le travail auquel ils sont soumis. Du reste, on doit les soigner comme les chevaux de trait, sous le rapport des soins de propreté.

D. Comment reconnaît-on l'aptitude à engraisser promptement ?

R. Les meilleurs signes d'aptitude à engraisser promptement sont : une tête moyenne, un cou court, un corps cylindrique (rond), une échine large, des jambes courtes, le poil fin, la peau souple et non adhérente aux côtes.

D. A quel âge engraisse-t-on les bêtes bovines ?

R. On ne met les vaches à l'engrais que lorsqu'elles ne donnent plus que peu de lait. Cependant, ceux qui achètent des vaches pour les engraisser, ne doivent pas prendre celles qui ont plus de dix ans. Les bœufs de travail s'engraissent aussi à environ dix ans, mais il vaut mieux engraisser à six ou huit ans. Il faut laisser le bœuf de trait se reposer pendant environ un mois avant de commencer l'engraissement.

D. Comment engraisse-t-on les bêtes bovines ?

R. Il y a deux manières d'engraisser : l'engraissement à l'étable et l'engraissement au pâturage.

D. Quels sont les soins à donner, à l'étable, aux bêtes à l'engrais ?

R. Il faut les tenir dans un état constant de propreté. La litière doit être faite au moins deux fois par jour ; on choisit pour cela le moment où les bêtes vont à l'abreuvoir. Il faut enlever le fumier tous les huit jours. Il faut aussi étriller et bouchonner tous les jours. Les soins de propreté et la distribution des rations doivent être confiés à la même personne, et être donnés, autant que possible, aux mêmes heures, tous les jours. Il faut éloigner des étables les personnes étrangères, ainsi que les animaux et tout ce qui pourrait tracasser les bêtes à l'engrais. Les étables doivent être chaudes et peu éclairées.

D. De quoi se compose la nourriture pour l'engraissement à l'étable ?

R. Des mêmes aliments que dans la nourriture ordinaire auxquels on ajoute un peu de farine ou de grain concassé ou mieux cuit. Les racines peuvent entrer dans la ration pour remplacer le tiers de leur poids en bon foin. Celles qui sont données crues sont moins nutritives ; elles doivent donc, autant que possible, être cuites. Les fourrages verts doivent être, autant que possible, variés. Un peu de sel répandu sur les aliments produit un très-bon effet.

D. Comment faut-il distribuer les rations ?

R. Nous pensons que la meilleure manière est de les donner par portions égales, de deux en deux heures, en faisant alterner une ration de racines avec une ration de fourrage sec. Il faut avoir soin, avant chaque distribution, d'enlever les fourrages qui seraient restés dans les mangeoires, qui doivent être tenues très-propres.

D. Quelle est la ration d'une bête à l'engrais?

R. Il est impossible de rien préciser à cet égard ; elle varie suivant la taille de l'animal, son état de santé, le degré d'engraissement et la qualité des aliments. C'est à l'engraisseur à étudier les besoins des animaux et à donner les aliments en quantité convenable. Il doit les peser et mesurer (1) avec soin, s'il veut pouvoir se rendre compte de l'opération.

D. Dans quelle condition peut-on engraisser au pâturage ?

R. Pour faire avec avantage l'engraissement au pâturage, qui ne peut avoir lieu dans nos contrées que du premier mai à la fin d'octobre, il faut avoir à sa disposition de riches herbages qui ne soient pas trop marécageux.

D. Comment se fait l'engraissement au pâturage ?

R. On met d'abord les bêtes dans les pâturages les plus médiocres, et on les fait passer successi-

---

(1) Quand on fait un peu en grand l'engraissement des bestiaux, il faut pouvoir les peser souvent, afin de voir de combien ils augmentent. On peut connaître le poids approximatif d'un bœuf au moyen d'un mesurage indiqué par M. de Dombasle, qu'on trouve dans les ouvrages de cet agronome.

vement dans les autres , en gardant toujours les meilleurs pour la fin de l'engraissement.

Il ne faut pas laisser les bêtes dehors pendant la chaleur. Elles doivent rester à l'étable de neuf heures du matin à quatre heures du soir. Souvent, on les laisse passer la nuit dehors ; il y a même des pays où on ne les rentre jamais ; alors , on établit dans les herbages des hangars pour les mettre à l'abri de la chaleur et de la pluie.

Quand il n'y a pas d'eau dans les pâturages , il faut conduire les bêtes à l'abreuvoir au moins une fois par jour.

D. Quel serait le meilleur moyen d'améliorer notre race bretonne ?

R. Nous pensons qu'il faut d'abord l'améliorer par elle-même, en choisissant de bons reproducteurs , en nourrissant abondamment , en soignant bien ; puis on introduira le sang étranger. Les races qui conviennent le mieux pour nos contrées , sont celle de Durham et celle de Jersey, pour l'engraissement et la production du lait, et celle des races Suisse , dite de Schwitz, pour le travail. La petite race Bretonne , si sobre et si rustique, doit être conservée pure , partout où on ne peut améliorer la nourriture et les soins. Partout où le pâturage est la seule nourriture disponible , il est impossible que les grandes races puissent prospérer. Les races ci-dessus indiquées ne résisteraient pas sur nos landes de l'intérieur, et ce serait une folie de les y introduire avant d'avoir amélioré la production des fourrages.

CHAPITRE XXIV.

DES BÊTES OVINES.

D. A quelle classe appartiennent les bêtes ovines ?

R. Les bêtes ovines, qu'on appelle aussi moutons ou bêtes à laine, sont des quadrupèdes à pied fourchu, mammifères, herbivores et ruminants. Le mâle s'appelle, bélier ; la femelle, brebis ; et les petits, agneaux.

D. Comment connaît-on l'âge des moutons ?

R. Par leurs dents incisives, qui sont, comme celles des vaches, au nombre de huit à la mâchoire inférieure seulement. Les dents de lait tombent vers quinze à seize mois ; les pinces de remplacement sortent à dix-huit mois ; les premières mitoyennes, à deux ans ; les secondes mitoyennes, à trois ans, et les coins à quatre.

D. A quel âge les bêtes ovines peuvent-elles se reproduire ?

R. A deux ans.

D. Quel soin doit-on donner aux brebis pendant la gestation et l'allaitement ?

R. Il faut éviter qu'elles ne se heurtent ou qu'elles ne soient foulées, soient en entrant à la bergerie, soit en sortant. Il faut aussi qu'elles reçoivent pendant la durée de la gestation, qui est de cent quarante à cent cinquante jours, et pendant l'allaitement, une nourriture substantielle et abondante.

D. Quels sont les soins à donner aux agneaux ?

R. Il faut les tenir chaudement pendant les trois à quatre premiers jours ; au bout de ce temps, ils peuvent sortir avec leur mère , pourvu que le temps ne soit ni trop froid , ni trop humide. On les sèvre vers quatre à cinq mois, en les séparant peu à peu de leur mère. Alors on leur donne des fourrages tendres et quelques poignées de farine délayées dans de l'eau.

D. Comment nourrit-on les bêtes ovines ?

R. La nourriture qui leur convient le mieux , c'est le pâturage. Pendant le temps qu'elles passent à l'étable, on leur donne de la paille , du foin, des racines , etc.

Les moutons ne doivent jamais sortir , quand il pleut , ou pendant les fortes chaleurs. Les pâturages humides leurs sont tout-à-fait nuisibles. La paille de blé-noir ne convient pas à la nourriture des moutons.

Il faut faire boire les moutons au moins une fois par jour. Quelques éleveurs suspendent dans la bergerie un petit sac de sel que les moutons lèchent , c'est une très-bonne méthode.

D. Qu'appelle-t-on parcage ?

R. C'est une opération qui consiste à faire consommer sur place certains aliments, en renfermant les moutons dans des enceintes mobiles, formées par des claies : on donne à ces enceintes mobiles le nom de parcs. On change le parc de place au fur et à mesure que les aliments qu'il contenait sont consommés. Les moutons parqués passent les nuits dehors , pendant toute la belle saison.

Les variations subites de température qui ont si souvent lieu dans nos contrées , y rendent le parcage à peu près impossible , au moins pendant la nuit.

D. Quand faut-il tondre les moutons ?

R. Il faut faire la tonte lorsque la température est assez chaude pour que l'animal ne souffre pas du froid.

D. Comment fait-on la tonte ?

R. Il faut couper la laine le plus promptement possible, de manière à ne pas trop fatiguer l'animal. Il faut tondre la laine le plus ras possible, en évitant toutefois de blesser l'animal.

D. A quel âge faut-il engraisser les moutons ?

R. Quand on tient à avoir de la viande délicate, il faut engraisser à l'âge de trois à quatre ans ; si on tient aux toisons, on ne met les bons moutons à l'engrais que lorsque leurs dents commencent à tomber.

D. Comment engraisse-t-on les moutons ?

R. Si on engraisse au pâturage, on suit la méthode indiquée pour les bêtes bovines, si on engraisse à l'étable, on donne du foin, du grain, des racines crues, etc. Les navets conviennent parfaitement pour l'engraissement des bêtes ovines.

D. Comment faut-il disposer les bergeries ?

R. Les bergeries doivent encore être plus aérées que les étables. Les râteliers doivent être bas et peu inclinés, pour que la poussière ne salisse pas la laine.

Il n'y a pas d'inconvénient à laisser le fumier dans les bergeries deux à trois mois ; mais il faut renouveler la litière au moins tous les jours, pour que la laine ne soit pas salie par le fumier.

D. Quelles sont les races qui conviennent le mieux pour améliorer la nôtre ?

R. Ce sont les races anglaises, dites Newkent, Dhisley et Southdown, dont la laine est fine, et qui s'engraissent promptement. Ces races exigent une bonne nourriture et un logement propre et bien aéré ; sans cela, elles ne réussiraient pas.

CHAPITRE XXV.

DES PORCS.

D. Qu'est-ce que le porc ?

R. Le porc ou cochon est un quadrupède à pied fourchu, mammifère et omnivore. Ses pieds ont quatre doigts, dont deux seulement appuient sur le sol.

D. Quelles sont les meilleures races de porcs ?

R. Ce sont celles qui s'engraissent le plus promptement. La race anglo-chinoise est une de celles qui jouissent, à un haut degré, de cette propriété. On cite aussi comme bonne la race craonaise, nouvellement introduite dans nos contrées. Quand on élève des cochons pour les vendre maigres, il faut s'attacher à la race qui se vend le mieux dans le pays où l'on se trouve, quand même on serait convaincu qu'elle n'est pas la meilleure, car il faut produire la marchandise au goût de l'acheteur.

D. Quels sont les signes qui indiquent l'aptitude à engraisser ?

R. La tête courte, les oreilles longues et pendantes, les yeux vifs, le corps allongé, le ventre ample et tombant, les jambes courtes.

D. A quel âge peut-on livrer les porcs à la reproduction ?

R. A un an. On ne doit pas garder les verrats plus de deux à trois ans ; car, passé cet âge, ils deviennent très-méchants.

D. Quels sont les soins à donner aux truies pleines ?

R. Pendant la gestation, qui dure cent dix à

cent vingt jours , il faut nourrir abondamment. Si les truies se trouvaient affamées au moment où elles mettent bas , elles pourraient manger leurs petits. Il fant aussi nourrir abondamment pendant l'allaitement , si on veut avoir de beaux élèves et ne pas trop épuiser les mères.

Il faut avoir soin de veiller les truies , afin d'être présent au moment où elles mettent bas. On enlève les petits à mesure qu'ils naissent, et on ne les réunit à leur mère que lorsqu'ils sont tous nés.

D. Comment doit-on traiter les jeunes porcs ?

R. Pendant les vingt premiers jours , le lait de la mère leur suffit ; alors , on ne les laisse plus téter que trois ou quatre fois par jour , et on commence à leur donner à boire ; à six semaines , on ne les laisse plus téter que deux fois par jour. A deux mois, on les sèvre tout-à-fait et on leur donne la même nourriture qu'aux antres porcs.

D. Est-il vrai, comme on le dit dans notre pays, que les cochons se plaisent dans la fange ?

R. Si le porc se roule quelquefois dans la boue , ce n'est pas parce qu'il aime la malpropreté , mais c'est pour se débarrasser des insectes qui le tourmentent. Il n'y a pas d'animal qui aime plus la propreté dans son étable que le porc ; il faut par conséquent que la litière soit toujours faite avec soin ; il serait même bon de bouchonner et de laver les porcs une fois le temps.

Il faut que les étables à porcs soient solidement pavées.

D. Quels sont les aliments qui conviennent aux porcs.

R. Les porcs étant omnivores, tous les aliments leurs conviennent. Il n'y a que la paille , le foin et l'ajonc dont ils ne s'accommodent pas. Les eaux grasses des cuisines , les résidus des laitages et

tous les aliments contenant des matières animales
leur conviennent parfaitement, ainsi que les grains,
les pois, les fèves, toutes les racines fourragères ;
enfin, ils mangent aussi avec plaisir les choux, la
chicorée sauvage, le trèfle et les mauvaises herbes provenant des sarclages, dans lesquelles il
faut éviter avec soin de laisser des plantes véné-
neuses, comme la cyguë, la belladone, etc.

Quelques éleveurs, nourrissent leurs cochons
avec la chair des animaux abattus ou morts de
vieillesse ; cette nourriture dégoûtante les engraisse promptement, il est vrai ; mais elle produit,
dit-on, un lard mou et d'un goût peu agréable ;
dans tous les cas, il ne faut jamais donner la chair
des animaux morts de maladie.

D. Comment engraisse-t-on les porcs ?

R. Pendant toute la durée de l'engraissement,
il faut les tenir dans une étable chaude et peu
éclairée. La litière doit être renouvelée tous les
jours.

Les racines cuites, les farines de pois, fèves,
orge, seigle, blé-noir, avoine, froment, sont la
base de leur nourriture, à laquelle il faut ajouter,
de temps en temps, un peu de sel et quelque peu
de pâte aigrie, pour exciter leur appétit. On leur
donne souvent les pois et le grain non moulu ; il
vaut mieux les donner moulus ; ils les digèrent
mieux.

CHAPITRE XXVI.

DE LA SANTÉ DES ANIMAUX.

D. Qu'est-ce que l'hygiène du bétail ?

R. C'est l'art de prévenir les maladies des ani-

maux et de les conserver dans le meilleur état de
santé possible , au moyen des soins qui ont été indiqués pour chacun.

D. Qu'est-ce que la médecine vétérinaire ?

R. C'est la médecine des animaux domestiques.

D. Que signifie le mot épizootie ?

R. On appelle ainsi les maladies qui attaquent à
la fois un grand nombre d'animaux dans la même
contrée. On appelle contagieuses , celles qui se
communiquent facilement.

D. A qui faut-il recourir quand on a des animaux malades ?

R. Il faut recourir à un médecin vétérinaire et
ne pas s'adresser aux maréchaux et aux guérisseurs
de la campagne ; ces derniers sont des charlatans
dont les soins coûtent souvent plus chers que ceux
d'un bon vétérinaire , puisqu'en se fiant à leurs
remèdes secrets ou à leurs oraisons , on s'expose à
perdre ses animaux et on perd ses droits aux secours mis à la disposition des préfets pour venir
en aide aux cultivateurs pauvres qui ont perdu des
bestiaux , ces secours n'étant accordés qu'à ceux
qui ont appelé un vétérinaire , si toutefois ils n'é-
taient pas trop éloignés du lieu où il en réside un.
(*Voir à la fin du chapitre ce qu'il faut faire en cas
de maladie contagieuse.*)

D. Qu'est-ce que la météorisation ?

R. La météorisation est une maladie produite
par les gazs qui se développent dans l'estomac des
herbivores, quand ils ont mangé des fourrages fer-
mentés ou qu'ils ont été mis à la pâture sur des
trèfles ou des luzernes mouillés. L'animal atteint
de cette maladie a le ventre tendu , la respiration
gênée : elle commence ordinairement par le flanc
gauche. On appelle aussi cette maladie enflure.

D. Comment faut-il traiter les animaux atteints
de cette maladie ?

R. On leur fait avaler de l'eau froide , dans laquelle on met soit de l'ammoniaque liquide (alcali volatil) ou de l'éthère sulfurique, à la dose de quarante à cinquante grammes dans un litre pour un cheval , un bœuf ou une vache. On donne ce breuvage en deux fois, à un quart d'heure d'intervalle. Si la première dose fait effet , on ne donne pas la seconde. Pour un mouton , on met quarante ou cinquante gouttes de l'une de ces substances dans un demi-litre d'eau , qu'on donne aussi en deux fois. On donne aussi quelquefois une cuillerée d'eau de javelle dans un litre de lessive de cendre pour un cheval ou un bœuf , ou la moitié de la dose pour un mouton , aussi en deux fois.

Quand on n'a pas à sa disposition les remèdes qui viennent d'être indiqués , on peut employer une cuillerée de chaux éteinte , dissoute dans un litre d'eau , qu'on donne aussi en deux fois , ou de l'eau de savon ou de la lessive de cendre.

D. Quels sont les autres soins à donner aux animaux ?

R. Il faut les faire marcher à l'inverse du vent et leur frotter légèrement le ventre ; si , au bout d'une demi-heure , les animaux ne désenflent pas, il faut recourir à la ponction, qui ne peut être pratiquée que par une main exercée. Cette opération consiste dans le percement du flanc.

D. Que faut-il faire quand quelque morceau d'aliment reste dans le gosier des bêtes bovines ?

R. Il faut tenir la bouche des animaux ouverte ; puis , leur introduire dans le gosier une baguette garnie d'un peu de linge, avec laquelle on fait descendre le morceau. Si ce moyen ne réussit pas , il faut tâcher de faire extraire le corps étranger par la main d'un enfant ; mais alors , il faut prendre toutes les précautions nécessaires pour que l'enfant ne soit pas mordu.

D. Qu'est-ce que la ladrerie?

R. C'est une maladie particulière aux porcs, qui les rend peu propres à l'engraissement et qui donne , dit-on , à leur chair certaines propriétés nuisibles à la santé. L'existence de cette maladie se reconnaît à des vésicules qui se développent sous la langue des animaux. Il est donc important de visiter soigneusement la langue des porcs qu'on achète.

Les animaux ladres ne doivent pas être livrés à la reproduction , car cette maladie est réputée héréditaire.

D. Qu'appelle-t-on vices rédhibitoires ?

R. Ce sont des défauts cachés des animaux, qui les rendent impropres aux services auxquels ils sont destinés.

Lorsqu'un animal est atteint d'un défaut reconnu par la loi comme vice rédhibitoire , on peut forcer le vendeur à le reprendre et à en rembourser le prix , ainsi que tous les frais faits pour lui , pourvu qu'on remplisse , dans le délai voulu , les formalités prescrites par la loi ci-après :

Principales dispositions de la Loi sur les vices rédhibitoires.

Sont reconnus vices rédhibitoires , les maladies ou défauts ci-après :

Pour l'espèce Chevaline : La fluxion périodique des yeux , l'épilepsie ou mal caduc , la morve , le farcin , les maladies anciennes de poitrine ou vieilles courbatures , l'immobilité , la pousse , le cornage cronique , le tic sans usure des dents , les hernies inguinales intermittentes , la boiterie intermittente , pour cause de vieux mal.

Pour l'espèce Bovine : La phthisie pulmonaire ou pommelière , l'épilepsie ou le mal caduc , la suite de non-délivrance et le renversement du vagin ou de l'utérus , après le part chez le vendeur.

Pour l'espèce Ovine : La clavée (cette maladie, reconnue sur un seul animal , entraine la rédhibition de tout le troupeau) ; le sang de rate.

Aussitôt qu'on reconnait que les animaux sont atteints de quelques-unes de ces maladies , il faut aller trouver le juge de paix , qui fait mettre l'animal en fourrière et nomme des experts.

Les poursuites doivent se faire dans les délais de trente jours pour la fluxion périodique des yeux et de neuf jours pour tous les autres cas. Si l'animal a été conduit hors de la commune du vendeur, le délai sera augmenté d'un jour par dix lieues de distance entre le lieu où il se trouve et le domicile du vendeur.

Principales dispositions sur la police sanitaire des animaux.

Aussitôt qu'un animal est atteint d'épizootie ou de maladie contagieuse , il faut en prévenir le maire , qui prendra les dispositions nécessaires pour arrêter le mal. Il faut se conformer en tout aux ordres du maire , si on ne veut pas s'exposer à des peines fort graves.

Lorsqu'un animal , atteint de maladie contagieuse , vient à mourir, il faut qu'il soit enfoui de suite à une profondeur d'au moins deux mètres et demi et à une distance d'au moins cent mètres des maisons. L'animal ne devra pas être écorché. Il faut même entailler la peau en plusieurs endroits.

Lorsqu'une épizootie règne dans une contrée, il faut veiller avec soin à l'entretien de la propreté et faire aérer les étables. Aussitôt qu'un animal parait malade , il faut s'empresser de le séparer des autres , en le mettant seul dans une étable. Les harnais, mangeoires , et tous les objets qui ont servi à un animal atteint de maladie contagieuse

ou

ou épidémique, doivent être lavés avec de l'eau
dans laquelle on aura mis du chlorure de chaux,
à la dose de cinq cents grammes pour dix litres
d'eau. On trouve cette substance à bas prix chez
les pharmaciens.

CHAPITRE XXVII.

DES ABEILLES.

D. Qu'est-ce que les abeilles ?

R. Les abeilles, que nos cultivateurs appellent
mouches à miel, sont des insectes qu'on élève
pour le miel et la cire qu'elles produisent.

Les abeilles, réduites à l'état de domesticité, vivent en société : leur demeure porte le nom de
ruche. On appelle rucher, le lieu où sont réunies
les ruches.

D. Combien y a-t-il d'espèces d'abeilles dans
une ruche ?

R. Trois : les reines, les faux-bourdons et les
ouvrières.

D. Qu'appelle-t-on reines ?

R. Les reines ou mères sont les seuls individus
du sexe féminin qui existent dans une ruche. Il
n'y en a qu'une seule dans chacune. Quand il en
naît de nouvelles, lorsqu'elles ont atteint toute
leur croissance, elles quittent la ruche, avec une
partie des plus jeunes ouvrières, pour former
une nouvelle société, qu'on appelle essaim.

Les reines ont le corps de couleur foncée, plus
gros et un peu plus long que celui des ouvrières.
Leurs pattes sont de couleur claire et leurs aîles
très-petites.

D. Qu'est-ce que les mâles ou faux-bourdons?

R. Ce sont les individus du sexe masculin. Aussitôt qu'ils ont rempli les fonctions que la nature leur à imposées, les ouvrières les chassent de la ruche. La grosseur de leur corps tient le milieu entre celui des reines et des ouvrières. Ils sont de couleur noirâtre et n'ont point d'aiguillon.

D. Qu'est-ce que les ouvrières ?

R. Ce sont les abeilles chargées de tous les travaux de la ruche, qui consistent à aller chercher sur les plantes les matières avec lesquelles elles font la cire, qui leur sert à construire leurs cellules, et le miel, qui sert à leur nourriture. Les ouvrières sont, en outre, chargées de la garde et de la police de la ruche et des soins de propreté. Enfin, ce sont les ouvrières qui sont chargées de nourrir et d'élever les jeunes insectes destinés à former, plus tard, de nouveaux essaims.

On reconnaît les ouvrières à ce qu'elles sont les plus petites des trois espèces. Leurs pattes de devant sont munies de brosses, celles de derrière ont des espèces de palettes. Elles ont une trompe pour sucer le nectare avec lequel elles font le miel. La partie postérieure de leur corps est armée d'un aiguillon, qui leur sert à se défendre contre leurs ennemis. Elles ne s'en servent que lorsqu'elles sont irritées.

D. Quelles sont les localités où il convient d'élever des abeilles ?

R. Ce sont celles où il y a beaucoup de bois, de prairies et d'arbres fruitiers, et qui ne sont pas trop humides, et nous ajouterons les pays où le blé-noir est cultivé en grand ; cependant, on dit que le miel récolté sur le blé-noir est de qualité un peu inférieure.

D. Quel est l'emplacement qui convient le mieux au rucher ?

R. Le rucher doit être exposé au midi. On doit

planter autour des plantes aromatiques, comme thym, serpolet, etc. S'il est éloigné de l'eau, il faut en mettre dans un baquet, qu'on enfonce dans le sol. On garnit le fond du baquet d'une couche de terre, sur laquelle on sème du cresson d'eau.

D. Quelles sont les meilleures ruches ?

R. Dans notre pays, on fait des ruches d'une seule pièce, en paille ou en bourdaine, qu'on enduit d'un mortier composé de fiente de vache et d'argile et qu'on recouvre d'un surtout de paille. Ces ruches ne sont pas mauvaises ; mais elles seraient meilleures, si elles avaient des hausses. On élève les ruches sur une pierre plate ou une pièce de bois.

D. Quels sont les soins à donner aux abeilles ?

R. Quand on reconnaît, en visitant les ruches, vers la fin de l'automne, qu'elles ne sont pas bien approvisionnées, on place près de chacune une assiette dans laquelle on met du miel commun, du sirop, auxquels on ajoute un peu de vin et de sel. On met sur ces assiettes quelques brins de paille pour servir de pont aux abeilles.

Aussitôt que le froid se fait sentir, on ferme l'entrée des ruches avec un petit morceau de bois troué, qu'on retire quand la chaleur est assez forte pour que les abeilles puissent sortir.

Il faut aussi éloigner du rucher les rats, les mulots, les souris, les guêpes et tous les autres animaux nuisibles.

D. A quelle époque sortent les essaims ?

R. Dans nos contrées, les ruches essaiment depuis la mi-mai jusqu'à la mi-août. Les essaims qui viennent plus tard ne réussissent pas ordinairement, car ils n'ont pas assez de temps pour construire leurs cellules et s'approvisionner.

D. A quel moment de la journée sortent les essaims ?

R. Ordinairement, c'est entre neuf heures du matin et cinq heures du soir que se fait la sortie des essaims. Pendant toute la durée de l'essaimage, il faut surveiller attentivement le rucher, afin de connaître la direction que prennent les essaims, pour pouvoir les suivre et les arrêter le plus tôt possible.

D. Comment arrête-t-on un essaim ?

R. Il suffit pour cela de l'asperger avec une branche mouillée ou de lui jeter quelques poignées de terre menue ou de sable fin. Ces moyens valent mieux que le bruit qu'on a coutume de faire pour les arrêter et qui, au contraire, n'est propre qu'à les épouvanter.

D. Que faut-il faire quand un essaim est fixé ?

R. Si l'essaim est fixé sur une branche, on place au-dessous une ruche enduite d'un peu de miel et on y fait tomber les abeilles avec un plumeau ou une petite branche. S'il est fixé sur un buisson ou une basse branche, on place la ruche au-dessus et les abeilles y montent d'elles-mêmes. Enfin, s'il est fixé dans quelque trou, on introduit dans ce trou une petite branche trempée dans de l'eau miélée, qu'on retire chaque fois qu'on s'aperçoit que plusieurs abeilles s'y sont fixées ; on secoue la branche sur la ruche, et on réitère cette manœuvre jusqu'à ce qu'on se soit rendu maître de la reine et d'une partie des ouvrières ; alors, on met la ruche sur le plateau et les autres abeilles y viennent seules.

D. Les ruches ne donnent-elles pas plusieurs essaims ?

R. On voit souvent les ruches donner deux et même quelquefois trois essaims. Ces essaims sont faibles , surtout les troisièmes , qui sont rarement assez forts pour passer l'hiver.

D. Quand et comment récolte-t-on la cire et le miel ?

R. Dans nos contrées , on ne fait pas de récolte partielle de miel. On se borne à vendre les ruches quand elles ont quatre ou cinq ans. Pour en retirer le miel, on étouffe les abeilles avec la fumée de souffre. Il serait à désirer qu'on employât quelqu'autre moyen, afin de ne pas être obligé de faire périr ces intéressants insectes. On pourrait se servir pour cela des ruches à hausses et à calottes qu'on emploie dans certains pays.

D. Dans quelle saison faut-il transporter les ruches et comment les transporte-t-on ?

R. Ordinairement, on transporte les ruches en automne; on les couvre d'une toile qui doit être assez claire pour que l'air puisse la traverser facilement. Il faut éviter les fortes secousses et placer les ruches sur le plateau aussitôt qu'elles sont arrivées à leur destination.

Il est très-bon , quand on le peut, de faire le transport des ruches la nuit, car les abeilles cherchent moins à sortir pendant la nuit que pendant le jour.

CHAPITRE XXVIII.

DES VOLAILLES.

D. Qu'appelle-t-on volailles ?

R. On appelle ordinairement volailles ou oiseaux de basse-cour , les poulets et les coqs , les dindons et les pigeons , de l'ordre des *gallinacées* ; les canards et les oies, oiseaux aquatiques de l'ordre des *palmipèdes*.

D. Que signifient les mots gallinacées et palmipèdes ?

R. Les savants ont donné le nom de gallinacées à un ordre d'oiseaux dont le coq est le principal type. Les caractères principaux de cet ordre sont une courte membrane entre leurs doigts antérieurs et un seul doigt en arrière. On appelle palmipèdes, tous les oiseaux aquatiques dont les pieds sont palmés ; c'est-à-dire, dont les doigts sont réunis par une membrane, comme les oies, les canards, etc.

D. L'éducation des oiseaux de basse cour est-elle avantageuse ?

R. Il est rare que l'éducation des oiseaux de basse-cour soit l'objet d'une spéculation en grand ; cependant, elle pourrait être avantageuse auprès d'une grande ville, où on aurait un débouché certain de ses produits. D'ailleurs, il est toujours utile au fermier d'avoir à sa disposition des volailles qui lui fournissent des mets agréables, des œufs et de la plume, etc., et dont il peut vendre avantageusement les produits qu'il ne consomme pas.

Du Coq et de la Poule.

D. Comment traite-t-on les coqs et les poules ?

R. On reconnaît que les poules sont disposées à couver, quand elles gloussent continuellement et cherchent à se poser sur tous les œufs qu'elles rencontrent ; aussitôt qu'on reconnaît cette disposition, on leur met, dans un panier garni de paille, des œufs, qui ne doivent pas avoir plus de dix à quinze jours. On met douze œufs pour les couvées qui ont lieu pendant la saison froide et dix-huit pour les autres. La durée de l'incubation est de vingt et un à vingt-deux jours.

D. Que signifie le mot incubation ?

R. On appelle incubation, l'action de couver. Dans quelques pays, on fait éclore les œufs au moyen de l'incubation artificielle, en les mettant dans des appareils chauffés par le feu et dont on règle le degré de chaleur au moyen du thermomètre.

D. Comment nourrit-on les poulets?

R. Pendant les premiers jours, on leur donne de la mie de pain, des jaunes d'œufs cuits, des pommes de terre cuites; puis, du son, des galettes de blé-noir et d'orge, et, enfin, des criblures de grain, du blé, etc.

D. Comment conserve-t-on les œufs?

R. Il y a plusieurs manières de les conserver, qui toutes doivent avoir pour but d'empêcher l'air de s'introduire dans l'intérieur par les pores de la coquille. Pour cela, on les recouvre d'un lait de chaux ou on les met dans de la cendre ou dans de la sciure de bois ou dans du grain bien sec, etc.

Du Dindon.

D. Comment traite-t-on les dindons?

R. Les dindons sont plus difficiles à élever que les poulets; ils craignent l'humidité quand ils sont jeunes; aussi, il est très-important de les rentrer quand le temps est à la pluie. Quand ils ont été mouillés, il faut les mettre près du feu pour les sécher le plus tôt possible. Comme les dindes cachent le lieu où elles pondent, il faut les surveiller et ne les laisser sortir que lorsqu'elles ont pondu. Les signes qui indiquent la disposition à couver sont les mêmes que pour les poules. La durée de l'incubation est de vingt-quatre à trente jours. On peut donner vingt œufs à une dinde. Les petits naissent avec un bouton jaune sur la pointe supérieure du bec; il faut le leur enlever avec une épingle.

D. Comment nourrit-on les dindons?

R. Leur nourriture est à peu près la même que celle des poulets : on y ajoute des orties hachées et de la salade cuite. Pour les engraisser, on les tient dans un lieu obscur et on leur donne du grain, des glands, des noix, on leur fait avaler des boulettes de farine délayée dans des œufs, etc.

Du Canard.

D. Comment traite-t-on le canard?

R. Le plus souvent, dans nos contrées, on fait couver les œufs de canes par des poules, qui sont meilleures couveuses que les canes. On leur donne de dix-huit à vingt œufs. L'incubation dure de vingt-sept à trente jours. Aussitôt que les petits sont nés, ils cherchent l'eau.

D. Comment nourrit-on les canards?

R. Leur nourriture est la même que celle des dindons; mais il est nécessaire qu'ils puissent aller à l'eau. Les canards mangent plusieurs matières animales, telles que grenouilles, limaces, etc. L'auteur de ce livre en a vu nourrir avec des coquillages. Cette nourriture les rendait fort gras, mais elle leur donnait un certain goût marin qui ne convenait pas à tout le monde.

Le duvet et la plume de canard sont très-estimés; mais il est important qu'ils soient arrachés aussitôt après la mort, autrement ils contractent une odeur très-désagréable et se conservent mal. Il en est de même de la plume d'oie.

De l'Oie.

D. Comment traite-t-on l'oie?

R. L'éducation de l'oie est la même que celle du canard, ainsi que la nourriture et le mode d'engraissement. Les oies aiment à pâturer l'herbe;

mais il ne faut pas les laisser aller dans les prairies, car elles détruisent les bonnes herbes et leur fiente en fait, dit-on, croître de mauvaise. L'eau n'est pas aussi nécessaire aux oies qu'aux canards.

D. Quand doit-on plumer les oies ?

R. On plume les oies vers la mi-mai, à la fin de juin et à la fin de septembre. Il ne faut pas plumer les jeunes avant qu'elles aient deux mois. On plume autour du cou, sous le ventre et sous les aîles.

Du Pigeon.

D. Comment traite-t-on les pigeons ?

R. Il est rare que les pigeons n'occasionnent pas de désagréments ; aussi, il y a rarement de l'avantage à en avoir.

On classe les pigeons, en pigeons de volière et en pigeons de colombier. Les premiers sont les plus féconds, ils donnent quelquefois dix couvées par an. Leur nourriture se compose de grain, vesce, pois, etc.

La vesce ne doit pas entrer pour plus d'un tiers dans la nourriture des oiseaux de basse-cour, car elle est tellement nutritive, qu'elle pourrait devenir nuisible si on en donnait trop.

SIXIÈME PARTIE.

ÉCONOMIE RURALE.

CHAPITRE XXIX.

NOTIONS D'ÉCONOMIE GÉNÉRALE.

D. Qu'appelle-t-on science économique ou économie politique?

R. L'économie politique est une science qui traite des intérêts matériels de la société. Son but est d'étudier les sciences des richesses nationales, et de chercher les moyens de les faire fructifier. Elle s'occupe aussi des moyens de les répartir entre les diverses classes de la société, suivant la part qu'elles ont prises à leur production. En un mot, elle cherche les causes de la prospérité et de la misère des peuples (1).

D. Qu'est-ce qu'une industrie?

R. C'est l'application des forces physiques et intellectuelles de l'homme à la production.

D. Qu'est-ce que la production?

R. Il y a deux sortes de productions, la production naturelle et la production artificielle. La production naturelle est celle qui produit des animaux et des plantes. La production artificielle,

(1) Jeunes gens, si vous lisez quelques-uns des nombreux écrits publiés sur cette matière, souvenez-vous que la *religion*, la *famille* et la *propriété* sont les bases fondamentales de la société, et que tout système d'économie sociale qui ne s'appuiera pas sur ces bases est faux et illusoire. La véritable base de l'économie sociale se trouve dans cette parole du divin Sauveur : *Aimez-vous les uns les autres.*

qu'on appelle aussi production industrielle ou manufacturière, consiste à augmenter la valeur des produits naturels en les faisant changer d'état. La production naturelle n'est autre chose que l'industrie agricole.

D. Qu'est-ce que le commerce ?

R. Le commerce est une industrie qui a pour but de mettre les produits, soit naturels, soit manufacturés, à la portée des consommateurs. On divise le commerce en commerce de gros et commerce de détail. Le commerce en gros livre les produits par grandes masses au commerce de détail, qui les vend par petites quantités aux consommateurs.

Les commerçants en gros et les manufacturiers s'appellent négociants, les commerçants en détail s'appellent marchands.

D. Qu'est-ce qui constitue la richesse des nations ?

R. Ce sont les capitaux, le travail et le crédit.

Ces trois éléments de la richesse des nations sont tellement dépendants les uns des autres, qu'ils ne peuvent fructifier qu'autant qu'ils sont unis. Séparés, ils sont impuissants ; réunis, ils ont une puissance prodigieuse.

D. Qu'appelle-t-on capitaux ?

R. En économie, on appelle capitaux les propriétés foncières et mobilières, et les monnaies. Vulgairement, le nom de capitaux s'applique spécialement aux monnaies.

D. Qu'est-ce que les monnaies ?

R. Les monnaies, qu'on appelle aussi argent ou espèces métalliques, sont des pièces d'or d'argent, de billon, portant certaines marques, que l'État seul a le droit de fabriquer, et qui servent pour faciliter les échanges de produits. Les monnaies ne sont pas, comme on le croit vulgairement, la véritable richesse ; elles n'en sont que les signes représentatifs ; elles n'ont de valeur qu'autant qu'elles peuvent servir à se procurer les objets dont on a besoin.

Pour que les monnaies puissent inspirer de la confiance, il faut que la valeur du métal qui les compose soit à peu près égale a leur valeur monétaire. Dans les monnaies françaises , il n'y a qu'un dixième de différence entre la valeur métallique et la valeur monétaire. La pièce d'un franc, par exemple, contient pour quatre-vingt-dix centimes d'argent ; aussi , nos monnaies sont estimées dans tous les pays. On crée aussi quelquefois du papier-monnaie , sous le nom de billets de banque et de billets de commerce , pour éviter les transports d'argent ou pour servir de moyen de crédit.

D. Qu'est-ce que le crédit ?

R. On appelle crédit le moyen de se procurer des capitaux , soit en donnant des garanties matérielles , soit en offrant des garanties morales. C'est, en un mot, la faculté d'emprunter. Si la garantie repose sur des propriétés foncières , elle s'appelle hypothèque ; si elle repose sur le dépôt d'objets mobiliers, elle s'appelle gage. Quant aux garanties morales, elles sont si difficiles à apprécier, qu'elles inspirent peu de confiance aux capitalistes ; elles consistent dans la probité et la capacité.

D. Qu'appelle-t-on travail ?

R. Le travail est l'application des facultés morales et physiques de l'homme à l'exercice d'une industrie ; il y a deux sortes de travail, le travail intellectuel, qui invente et dirige , et le travail matériel, qui exécute les travaux manuels. Le travail est l'élément par excellence de la richesse nationale ; plus une nation peut en créer, plus elle est riche , plus elle est tranquille, plus elle est morale. Le travail est , après la religion , le véritable élément moralisateur des sociétés. Dieu l'a rendu obligatoire pour tous les hommes et ceux qui n'ont pas besoin de travailler pour vivre sont obligés de travailler pour le bien de la société.

D. Qu'appelle-t-on producteurs ou travailleurs?

R. On donne spécialement ce nom à ceux qui dirigent ou exécutent les travaux industriels ; cependant , les propriétaires des terres et des capitaux n'en sont pas moins des producteurs , quoiqu'ils ne prennent pas part aux travaux ; car la production serait impossible, sans les terres et les capitaux qu'ils mettent à la disposition des travailleurs. On doit aussi considérer comme de véritables travailleurs tous ceux qui travaillent dans l'intérêt général, comme le clergé , les magistrats, les militaires, les marins, les professeurs, les savants , les artistes , les littérateurs , etc.

D. Qu'appelle-t-on produits ?

R. On appelle produit les résultats de la production. Les végétaux et les animaux sont des produits naturels; les cuirs, les draps, les toiles , etc. , sont des produits manufacturés. Tout produit qui n'a pas une valeur supérieure à celle des matières premières employées à le produire et à celle des frais de production , est un produit défectueux, économiquement parlant. Sans bénéfice, il n'y a pas vraiment production.

D. Qu'appelle-t-on produit brut et produit net?

R. Si le produit brut est le produit considéré en lui-même, le produit net est ce qui reste au producteur après avoir payé les frais de production. Si la valeur totale de toutes les denrées produites dans une exploitation agricole est de 15,600 fr., et que les frais de production de toute nature se soient élevés à 11,500 f., le produit brut de cette exploitation a été de 15,600 fr., et le produit net de 4,100. Le produit net est ce qu'on appelle vulgairement le bénéfice.

D. Comment se fait la répartition des produits entre les divers éléments de la production ?

R. Chaque élément de la production doit avoir une part de produit proportionnelle à la part qu'il a prise à la production. La part des terres et celle des capitaux se règlent ordinairement à l'avance et par conventions écrites. Elles varient selon que ces éléments de production sont plus ou moins demandés. La loi a fixé certaines limites que la part des capitaux en espèces ne doit pas dépasser.

La part du travail varie aussi, suivant qu'il est plus ou moins demandé ; mais les circonstances qui influent sur sa valeur sont beaucoup plus variables que celles qui agissent sur la part des terres et du capital, et les variations en baisse sont d'autant plus fâcheuses qu'elles atteignent toujours des malheureux dont le travail est la seule ressource, et qu'elles peuvent provenir de la cupidité. Quoiqu'en disent certains économistes modernes, les lois sont impuissantes à régler les rapports entre le travailleur et le patron, en ce qui touche au salaire. C'est la religion seule qui peut inspirer au patron cet esprit de justice et de charité qui lui fera accorder au travailleur une rétribution convenable. C'est elle aussi qui enseignera au travailleur cette résignation qui lui fera supporter avec patience les misères inséparables de sa position.

D. Quels sont les noms qu'on donne aux diverses parts de produits ?

R. La part des terres s'appelle loyer ou fermàge ; celle des capitaux s'appelle intérêt. La part du travail prend le nom de traitement, ou d'ap-

pointements , quand il s'agit du travail intellectuel. La part du travail manuel s'appelle gage ,
quand il s'agit des employés à l'année ; elle s'appelle salaire , quand il s'agit d'employés à la
journée.

D. L'Etat n'a-t-il pas aussi une part dans les
produits ?

R. L'Etat prélève , sous le nom d'impôts , une
part de produits qu'il emploie à rétribuer ceux
qui travaillent pour la société , et à solder toutes
les autres dépenses nécessaires au bien-être général.

Les impôts se divisent en impôts directs, impôts
indirects , douanes , prestations et octrois.

Les impôts ou contributions directes sont : l'impôt foncier ou impôt des terres, l'impôt mobilier,
l'impôt des portes et fenêtres et l'impôt personnel.
On met encore au nombre des impôts directs l'impôt des patentes , qui s'applique spécialement aux
industries.

Les contributions indirectes sont les droits sur
les boissons, sur le sel , sur le tabac , sur le sucre
de betteraves , sur les poudres , sur les voitures
publiques , sur les cartes à jouer , etc. On peut
aussi ranger dans cette classe les droits de poste,
de timbre et d'enregistrement.

Tous les impôts , joints au produit des domaines
de l'Etat , constituent le revenu public.

D. Qu'appelle-t-on droits de douane ?

R. Ce sont des droits qu'on fait payer à certains
produits étrangers, à leur entrée en France , ou
à certains produits de notre pays qu'on expédie à
l'étranger.

L'entrée des produits étrangers s'appelle importation. La sortie des produits s'appelle exportation.

Les droits d'importation ont non-seulement

pour but d'augmenter les revenus de l'Etat, mais encore d'élever le prix de certains produits que les étrangers peuvent créer à plu, bas prix que nous et qui, sans cela viendraient faire concurrence aux nôtres.

Le droit d'exportation a pour but d'empêcher que certains produits de première nécessité pour notre consommation ou l'alimentation de notre industrie ne soient exportés en trop grande quantité. Il y a des objets dont l'entrée et la sortie sont entièrement prohibés.

On appelle *libres-échangistes* ceux qui veulent l'abolition de tous les droits de douanes.

D. Qu'appelle-t-on prestations ?

R. On appelle prestations un certain nombre de journées de travail imposé à chaque homme âgé de vingt ans au moins, à chaque bête de trait, à chaque charrette, à chaque cheval de selle, etc. Ces journées de travail sont employées à la confection et à l'entretien des routes vicinales et autres travaux communaux.

On peut payer les prestations en argent, d'après un prix de journée déterminé par le conseil général.

D. Qu'appelle-t-on octrois ?

R. Les octrois sont des impôts que les communes établissent sur l'entrée de certains produits, pour subvenir aux dépenses que l'Etat et le département laissent à leur charge. Les produits soumis à l'octroi sont ordinairement les boissons, la viande, le bois, etc. Il ne peut jamais être établi d'octroi sur les céréales.

D. Qu'est-ce que le droit de propriété ?

R. C'est le droit de disposer, de jouir, d'user de certaines choses qui nous appartiennent, soit temporairement, soit à perpétuité.

Le droit de propriété est un droit naturel ; il est la base de toute société , il est la source essentielle de toute production , et on ne peut lui porter atteinte sans arrêter immédiatement toutes les industries. En effet , qui est-ce qui voudrait travailler, s'il n'avait la certitude de jouir du fruit de son travail ? Qui est-ce qui voudrait épargner, s'il n'avait la certitude de transmettre à ses enfants le fruit de ses économies ? La religion et la morale ont toujours placé le respect de la propriété au nombre des premiers devoirs qu'elles ont imposés aux hommes. Dieu a dit, dans ses commandements, non seulement *Bien d'autrui tu ne prendras ni ne retiendras à ton escient*, mais encore : *Les biens d'autrui tu ne désireras pour les avoir injustement.* Il a défendu jusqu'au désir de la propriété.

D. Qu'est-ce qui constitue la propriété ?

R. Ce sont les objets que nous avons indiqués comme éléments de la richesse nationale, c'est-à-dire, les terres, les capitaux, le travail et le crédit.

Les terres , les maisons , les bâtiments et tous les objets qui tiennent au sol et ne peuvent en être détachés sans détérioration , forment ce qu'on appelle les propriétés foncières ou immeubles. Les récoltes sont immeubles tant qu'elles tiennent au sol, c'est-à-dire, jusqu'au moment de leur complète maturité.

Les meubles, les ustensiles, les outils, les bestiaux , l'argent et tous les objets qui peuvent être transportés sans détérioration , font partie de la propriété mobilière. Certains objets mobiliers peuvent être considérés comme immeubles quand ils ont reçu une destination spéciale ; c'est ce qu'on appelle immeubles par destination. Les bestiaux attachés à une exploitation , certains ustensiles

servant spécialement à une industrie particulière,
sont immeubles par destination.

Les propriétés foncières et mobilières sont
transmissibles. Le travail et le crédit moral étant
inhérents à l'homme, ne peuvent se transmettre.

D. Comment devient-on propriétaire perpétuel?

R. On devient propriétaire perpétuel par suc-
cession ou par acquisition. On succède comme pa-
rent ou comme donataire.

Le propriétaire perpétuel peut disposer de sa
propriété comme il veut, sauf les restrictions apportées par la loi au droit de jouissance et de disposition.

D. Comment devient-on propriétaire tempo-
raire?

R. Par usufruit ou par location. L'usufruit confère le droit de jouir pendant la vie des revenus
de la propriété, mais sans pouvoir disposer du
fonds. Les conditions de cette jouissance sont
réglées par l'acte qui confère le droit d'usufruit,
ou, à défaut d'acte, par la loi.

La location confère le droit de jouir d'une propriété pendant un certain temps, à certaines conditions déterminées par un contrat.

D. Quelles sont les restrictions imposées au
droit de propriété?

R. Ces restrictions sont de deux sortes, les unes
sont dans l'intérêt général, les autres sont dans
l'intérêt particulier.

Les restrictions d'intérêt général sont : l'expro-
priation pour cause d'utilité publique, le droit de
prendre des matériaux pour les routes et autres
constructions d'utilité publique ; les lois relatives
aux mines, aux défrichements des bois, à la culture du tabac, à la jouissance des eaux, à la chas-
se, à la pêche et enfin la défense de faire de sa

propriété un usage contraire à la morale ou nuisible à autrui.

Les lois restrictives en faveur des particuliers
sont : la loi qui règle la part de propriété dont on
ne peut disposer dans certains cas, les servitudes
naturelles ou acquises, les hypothèques, etc.

CHAPITRE XXX.

ÉCONOMIE RURALE.

D. Qu'est-ce que l'économie rurale?

R. C'est l'application des connaissances théoriques et pratiques de l'agriculture à l'exploitation
d'un domaine rural, de manière à en obtenir le
plus haut produit net possible.

D. Quelles sont les qualités essentielles à l'en-
trepreneur d'industrie agricole?

R. Elles sont les mêmes que celles que nous
avons indiquées comme nécessaires à un agriculteur. De plus, il faut qu'il puisse disposer d'un
capital suffisant et en rapport avec l'étendue de son
exploitation et le système de culture qu'il veut y
introduire.

D. L'augmentation du produit brut donne-t-elle
toujours lieu à l'augmentation du produit net?

R. Non certainement, et il arrive souvent que
l'augmentation du produit brut produit une perte
au lieu d'un bénéfice. C'est surtout en agriculture
que ce principe économique se vérifie malheureusement trop souvent. En voici un exemple : Un
cultivateur obtient de ses terres 20 hectolitres de
froment à l'hectare, qui lui reviennent à 12 fr.
l'hectolitre; il vend son froment 16 fr. l'hectolitre; il gagne dans ce cas 4 fr. par hectolitre. Ce

cultivateur fait sur ses terres des travaux d'améliorations foncières, il augmente la dose d'engrais et la main-d'œuvre et, par suite, élève le produit à 30 hectolitres par hectares ; mais l'intérêt du capital dépensé en améliorations foncières, joint aux frais d'augmentation d'engrais et de main-d'œuvre, font que son froment lui revient à 18 fr. l'hectolitre ; il se trouve alors à perdre 2 fr. par hectolitre, le prix du marché restant le même dans ces deux cas. D'où je conclus que l'agriculture doit plutôt chercher l'abaissement du prix de revient que l'augmentation de production.

D. Comment fait-on valoir un domaine rural?

R. Il y a trois manières de faire valoir un domaine rural : en le louant à un fermier, en l'exploitant par soi-même ou en le faisant exploiter pour son compte par un régisseur.

D. Quelles sont les considérations qui doivent influer sur l'achat d'un domaine ?

R. La manière d'estimer la valeur d'un domaine varie suivant qu'on l'achète pour le louer ou pour l'exploiter.

Quand on achète un domaine pour le louer, il suffit de s'assurer de sa valeur par une estimation en bloc. Cette estimation se fait en comparant la cote des contributions de ce domaine et son prix de fermage avec la cote et le fermage des terres voisines, afin de connaître si le prix de fermage n'est pas trop élevé; il suffit ensuite de multiplier ce prix de fermage par le taux auquel se vendent les propriétés dans le pays (par le denier) pour connaître la valeur du domaine ; ainsi, dans une contrée où les terres se vendent au denier trente, une ferme qui donne 2,000 fr. de revenu, vaudra 60,000 fr. de capital.

D. Comment se fait l'estimation du domaine qu'on veut exploiter?

R. L'appréciation d'un domaine, au point de vue de l'exploitation, demande un examen de détail très-minutieux, et qui exige des connaissances spéciales. Pour faire convenablement cet examen de détail, il faut faire ce qu'on appelle un devis d'opération, dont nous donnons le modèle ci-après.

Les conditions à examiner se divisent en conditions intérieures et conditions extérieures.

D. Quelles sont les conditions intérieures ?

R. Ce sont l'état et la situation des bâtiments d'habitation et d'exploitation, tant sous le rapport de la salubrité que sous le rapport de la commodité. La nature des terres, leur exposition, la proximité de l'eau, l'état des chemins de servitude et la facilité des charrois pour le service des terres, etc.

D. Quelles sont les conditions extérieures ?

R. Ce sont la proximité ou l'éloignement des lieux où on pourra vendre les produits, l'état des routes et autres moyens de communication, la facilité de se procurer des travailleurs, des amendements et des engrais.

Il faut encore avoir égard aux servitudes qui peuvent être établies sur la propriété, et aux améliorations foncières dont elle est susceptible.

Les conditions d'examen pour le fermier sont les mêmes, sauf les améliorations foncières qui, dans les cas ordinaires, ne peuvent pas être faites par lui.

D. Quels sont les principaux modes de location des fermes en Bretagne ?

R. Ce sont le bail à ferme, le métayage ou bail à partage de fruits.

D. Quelles sont les conditions essentielles des baux ?

R. La principale condition, c'est que les clauses
et conventions arrêtées entre les parties soient
clairement exprimées et de manière à ne donner
lieu à aucune interprétation, à double sens.
Un fermier doit, avant de signer son bail, le lire
attentivement, et, s'il y trouvait quelques termes
techniques dont il ne connaît pas la signification,
il doit se les faire expliquer; car un seul mot suffit
pour lui faire contracter des obligations autres que
celles qu'il a entendu contracter.

D. Quelles sont les conditions qu'il serait dans
l'intérêt général de voir éliminer des baux dans
nos contrées?

R. Nous placerons en première ligne l'abolition de
ce qu'on appelle dans notre pays les commissions ou
les épingles, qui consistent en une somme, souvent
plus forte qu'une année de fermage, qu'on fait payer
au fermier au moment de son entrée en ferme.
Les commissions enlèvent au fermier une partie de
son capital au moment où il en a le plus besoin;
elles lui sont donc très-onéreuses. S'il est vrai que
plus le fermier a d'aisance mieux il paye les fermages, on doit en conclure que les commissions
sont contraires à l'intérêt du propriétaire lui-même. Il serait donc à désirer que le montant des
commissions fût réparti par portions égales sur
toutes les années du bail.

Il serait aussi dans l'intérêt du fermier qu'on
n'exigeât pas de lui des journées de charroi et diverses autres servitudes qui peuvent lui être très-
à charge, suivant la saison dans laquelle on le for-
cerait à les faire.

Enfin, il serait utile qu'on supprimât la condition de ne pas dessoler, qui pourrait forcer le
fermier à suivre l'assolement du pays, quelque
vicieux qu'il fût, s'il avait affaire à un propriétaire
peu intelligent ou mal intentionné.

D. N'y aurait-il pas aussi quelques conditions nouvelles à introduire dans nos baux ?

R. Il y en a plusieurs que nous ne pouvons traiter ici ; mais il en est cependant une qu'il serait dans l'intérêt général de voir adopter, ce serait celle qui accorderait au fermier une rémunération pour les travaux d'amélioration foncière qu'il ferait pendant la durée de son bail. La certitude d'obtenir une juste rémunération pour son travail, engagerait le fermier à faire une foule de travaux qu'il ne fait pas maintenant, parce qu'il n'a aucun intérêt à les faire et le propriétaire obtiendrait ainsi, à bas prix, des travaux d'amélioration qui augmenteraient son revenu (i).

D. En quoi consiste le fermage ?

R. Le fermage consiste dans la location d'un domaine moyennant un prix convenu, payable à des époques déterminées.

Le fermage se paie ou en argent ou en produits; quelquefois, il participe de ces deux modes de paiement.

Le paiement en denrées peut, suivant les circonstances, être avantageux ou désavantageux pour les deux parties; elles seules sont aptes à en juger.

D. En quoi consiste le fermage à partage de fruits ?

R. Ce mode de fermage, connu dans nos contrées sous le nom de fermage à moitié, consiste à partager les produits entre le propriétaire et le fermier, suivant certaines conditions.

---

(1) Il est bien entendu que ce que nous disons sur les conditions à introduire dans les baux ou à en éliminer, doit être considéré comme des conseils donnés aux propriétaires, et ne pourrait être l'objet d'une loi ; car une loi sur cette matière serait une atteinte au droit de propriété.

Dans quelques contrées, les engrais et les fourrages sont fournis en entier par le propriétaire. Les bestiaux sont fournis par moitié par chacune des parties. Le fermier fournit le matériel, c'est-à-dire, les outils et ustensiles, et la main-d'œuvre. Quelquefois, le propriétaire fournit tout le bétail, dont la valeur est constatée par procès-verbal et lui est restituée en argent ou en nature à la fin du bail. Ce serait sans contredit le meilleur système; car alors le fermier pourrait appliquer une portion beaucoup plus forte de son capital aux travaux et par conséquent obtenir plus de produits.

Ordinairement, tous les produits, soit des terres, soit du bétail, se partagent par moitié, sauf le beurre et le lait qui restent au fermier, moyennant qu'il donne au propriétaire tant de kilo. de beurre par vache.

Quelquefois le fermier n'a aucune part dans les bois émondables et n'a que le tiers du cidre; dans ce cas, il ne paie pas d'impôt foncier.

D. Quelles sont les conditions essentielles pour que ce mode de fermage soit bon?

R. Le fermage à moitié étant une association du capital et du travail, demande, comme toute association, une confiance complète entre les parties. Il faut que le propriétaire et le fermier soient bien convaincus que leurs intérêts bien entendus sont les mêmes. Il faut que le propriétaire soit à même de juger de l'opportunité des améliorations qu'il voudrait introduire dans l'exploitation. Sans cela, il ne peut être avantageux, ni pour le propriétaire, ni pour le fermier, d'adopter ce mode de fermage.

Le fermier qui possédera un capital suffisant, aura toujours plus d'avantage à être fermier que métayer.

D.

D. Quelles sont les considérations qui doivent influer sur le choix d'un système de culture ?

R. Elles sont les mêmes que celles que nous avons indiquées pour le choix d'un assolement. En effet, l'assolement est la véritable base du système de culture. Indépendamment des conditions dans lesquelles se trouve le domaine, le capital d'exploitation est presque toujours la cause qui doit le plus influer sur le choix du système de culture. Malheureusement, nos cultivateurs bretons ne savent pas toujours tenir compte de cette influence et il arrive souvent que leur capital n'est pas en rapport avec l'étendue de leur exploitation.

D. Qu'est-ce donc que le capital d'exploitation ?

R. Le capital d'exploitation comprend toutes les valeurs, soit en nature, soit en espèces, destinées à faire marcher l'exploitation. On appelle capital engagé, celui qui est employé à l'achat des bêtes de trait et du matériel. On appelle capital circulant, celui qui est employé à l'achat du bétail de rente et au paiement de la main-d'œuvre. On l'appelle circulant, parce qu'il est continuellement dépensé pour les besoins de l'exploitation et continuellement renouvelé par la vente des produits. Le devis d'opération, que nous donnons ci-après, indique comment on peut arriver à déterminer l'importance du capital d'exploitation.

CHAPITRE XXXI.

DU DEVIS D'OPÉRATIONS.

D. Qu'appelle-t-on devis d'opération ?

R. C'est un travail qui a pour but de déterminer la valeur locative d'un domaine et l'importance du capital nécessaire à son exploitation.

Pour atteindre ce but, il faut faire l'estimation des dépenses et des produits.

Pour pouvoir estimer les dépenses, il faut connaître le nombre de journées de main-d'œuvre nécessaires à l'exécution des travaux et le prix de journée.

Pour estimer les produits, il faut connaître le rendement à l'hectare de chaque produit et le prix moyen des denrées sur les marchés voisins. En estimant les produits, il faut prendre garde de les estimer trop haut. En estimant les dépenses, il faut prendre garde de les estimer trop bas.

Quant au capital, il se détermine d'après le système de culture adopté, comme dans le modèle ci-joint :

DEVIS D'OPÉRATION

de la Ferme de....., située commune de....., louée pour dix-huit ans.

Cette ferme contient : 1° 50 hectares de terres labourables de 1re et 2me classe, pouvant produire en moyenne 25 hectolitres de froment à l'hectare, sol argilo-siliceux, sous-sol argilo-schisteux très-compacte ; 2° 6 hectares de prairies, produisant 4,000 kilos de foin à l'hectare ; 3° 3 hectares de bon ajonc ; plus, 20 hectares de landes, pouvant être défrichées. A la fin du bail, le fermier aura droit à la moitié de l'augmentation de valeur qu'il aura donnée aux landes.

On peut faire en moyenne, chaque année, 80 barriques de cidre, 3,000 fagots et 2,500 bourrées. Les bourrées servent pour le ménage.

Le prix de fermage est de 2,400 fr. La journée d'homme coûte, dans le pays, en moyenne, 0 fr. 90 c.; celle de femme, 0 fr. 60 c. L'impôt est payé par le propriétaire.

La ferme est à 12 kilomètres de la ville, les chemins sont bons.

Les terres seront soumises à l'assolement alterne de six ans suivant :

Assolement.

PREMIÈRE SOLE, 9 HECTARES. Racines fourragères, fumées et sarclées : fumure complète.	Betteraves. . .	$3^h 00^a$.	
	Rutabaga. . . .	3 00	
	Navets.	2 00	
	Carottes. . . .	1 00	
	TOTAL. . .	$9^h 00^a$.	
DEUXIÈME SOLE, 9 HECTARES.	Froment. . . .	$9^h 00^a$.	
TROISIÈME SOLE, 8 HECTARES.	Trèfle.	$8^h 00^a$.	
QUATRIÈME SOLE, 7 HECTARES.	Froment. . . .	$7^h 00^a$.	
CINQUIÈME SOLE, 8 HECTARES. Plantes commerciales avec demi-fumure.	Pommes de terre.	$6^h 00^a$.	
	Colza. . . .	1 00	
	Haricots. . .	0 40	
	Chanvre et lin.	0 60	
	TOTAL. .	$8^h 00^a$.	
SIXIÈME SOLE, 8 HECTARES. Cultures diverses.	Avoine. . . .	$4^h 00^a$.	
	Orge. . . .	2 00	
	Pois. . . .	2 00	
	TOTAL. .	$8^h 00^a$.	

Cet assolement nécessite, pour la première sole, une fumure de 60 mètres cubes à l'hectare ou 30 voitures de 1,200 kilos, ce qui fait, pour cette sole, 270 voitures ; pour la cinquième sole, qui ne reçoit qu'une demi-fumure ou 15 voitures par hectare, ce qui fait 120 voitures. La fumure nécessaire pour chaque année est donc de 390 voitures ou 468,000 kilos de fumier. Pour obtenir cette quantité de fumier, il faut une quantité de fourrage égale à 234,000 kilos de foin de première qualité ou l'équivalent en racines et autres fourrages.

Les engrais nécessaires aux défrichements seront achetés les premières années, puis produits par les terres déjà défrichées pour les autres années.

Voici le tableau de la production fourragère :

TABLEAU DE LA PRODUCTION FOURRAGÈRE.

DESIGNATION des fourrages.	Etendue de la culture.	PRODUIT à l'hectare.	PRODUIT total.	VALEUR en foin.
Prairies natur.	6 h.	4,000 ko	24,000 ko	24,000 ko
Trèfle.	8	20,000	160,000	40,000
Ajonc.	3	30,000	90,0C0	22,000
Betteraves.	3	40,000	120,000	53,500
Rutabaga.	3	30,000	90,000	30,000
Navets.	2	25,000	50,000	16,000
Carottes.	1	25,000	25,000	12,000
Paille de from.	16	4,000	64,000	17,000
Paille d'avoine.	4	1,500	6,000	2,500
Paille d'orge.	2	2,000	4,000	2,000
Paille de pois.	2	3,500	7,000	3,600
TOTAUX.	50 h.			222,600 ko

Le total des fourrages réduits en foin est de 222,600 kilos, qui valent en fumier 445,200 kilos ; il reste à trouver 22,800 kilos, qui seront produits par les litières provenant des landes, par les porcs et les moutons, qui ne consommeront qu'une très-petite partie des fourrages portés au tableau.

Cette quantité de fourrage permettra de nourrir 4 chevaux, 30 têtes de gros bétail, 10 porcs, qui seront nourris presqu'entièrement des débris du ménage, et 50 moutons, qui trouveront leur nourriture sur les landes et les chaumes des céréales.

Estimation des frais de main-d'œuvre.

EMPLOYÉS A L'ANNÉE.	Journ. d'hom.	Journ. de fem.	Sommes.
Un charretier et un bouvier. . .	600		600 fr.
Deux aides.	600		360
Gardes d'écurie.	365		365
Laitière et porchère.	000	365	219
Coupe de fourrages verts. . . .	180		180
Contre-maître.	365		550
Cuisinière.	365		370
TOTAL des employés à l'année.			2644 fr.

JOURNALIERS.	Journ. d'hom.	Journ. de fem.	Sommes.
Soles fumées, 17 hectares.			
Charroi et épandage de fumier, semailles.	44	192	
Sarclages et binages.	19	650	
Extraction, transport et emmagasinage des produits.	50	250	
TOTAL des soles sarclées. . .	113	1092	756f 90

La journée d'homme, 0f 90c.

  Id.   de femme, 0f 60c.

	Journ. d'hom.	Journ. de fem.	Sommes.
Trois soles de céréales, pois, etc., 24 *hectares.*			
Semailles, curages de rigoles, etc.	150		
Sarclages.		480	
Coupe et transport.	75	120	
Battage à la machine, vannage et mise en magasin.	80	120	
TOTAL des céréales. . .	305	720	706f 50

Les journées au même prix.

JOURNALIERS.	Journ. d'hom.	urn. de fem.	Sommes.
Prairies et Trèfles.			
Fauchage , fannage.	75	150	
Irrigation , épandage d'engrais. .	40	25	
TOTAL des prairies et trèfles. .	115	175	208ᶠ 50
Dépenses Diverses.			
Supplément de paie pour la récolte.			150ᶠ 00
Dépenses imprévues.			200 00
Jardin et défrichement.			150 00
TOTAL des dépenses diverses. .			500ᶠ 00

Récapitulation des dépenses de main-d'œuvre.

Dépenses des employés à l'année. . .	2,644ᶠ 00ᶜ
Id. pour les 2 soles sarclées. . .	756 90
Id. pour 3 soles de céréales et pois.	706 50
Id. pour prairies et sole de trèfle.	208 50
Id. diverses.	500 00
TOTAL de la main-d'œuvre. . .	4,815ᶠ 90ᶜ.

L'estimation du travail des attelages a pour but de déterminer le nombre de bêtes de trait nécessaire au service de l'exploitation.

Estimation du service des attelages.

Nous supposons les charrettes et charrues attelées de trois chevaux ou quatre bœufs. Nous évaluons les travaux en journées d'un cheval.

	JOURNÉES.
Charroi de 80 voitures de sable.	240
Charroi de 390 voitures de fumier. . . .	107
Charroi de pommes , cidres et fûts. . .	45
Total à reporter. . . .	392

	JOURNÉES.
Report.	392
Charroi de 3,000 fagots.	60
Transport de denrées au marché. . . .	108
Aide aux voisins.	75
Charroi divers et imprévus.	45
Pour les deux soles sarclées.	520
Pour les soles sous céréales.	380
Pour trèfle, prairies et fourrages verts. .	90
Pour défrichements.	50
TOTAL des journées d'un cheval. . .	1720

Ces 1720 journées seront fournies par 3 chevaux et 4 bœufs, attelés pendant 260 jours, et une bête de selle employée aux charrois environ 160 jours.

Estimation du Matériel.

	FR.	C.
Mobilier de ménage.	4,400	00
2 charrettes et 1 tombereau. .	950	00
1 charrette à un cheval. . .	150	00
1 voiture de maître. . . .	200	00
3 charrues.	180	00
4 herses, 2 petites et 2 grandes.	140	00
1 rouleau.	20	00
1 buttoir.	40	00
1 semoir et rayonneur. . . .	55	00
1 Extirpateur.	75	00
Pioches, bêches, houes, etc. .	150	00
Faux, faucilles, battements, etc.	50	00
1 Machine à battre et manége.	550	00
1 Tarare.	75	00
1 Coupe-racines.	75	00
1 Baratte à lait, à cuvette. .	30	00
Pressoir, moulin à pommes, tonneaux et ustensiles. .	1,250	00
Divers outils de menuiserie. .	30	00
Mesures, pelles, sacs, cribles.	180	00
Selle, brides, équipages de voiture.	120	00
A reporter. . . .	8,720	00

	FR.	C.	FR.	C.
Report.	8,720	00		
Équipages des bêtes de trait. .	150	00		
Divers objets d'écuries.. . .	30	00		
TOTAL du mobilier. . .	8,900	00	8,900	00
Bétail de trait et de rente.				
Un cheval de selle.	300	00		
3 chevaux de trait.	750	00		
4 bœufs de travail. . . .	480	00		
1 taureau.	150	00		
10 vaches laitières.	900	00		
15 génisses d'un an. . . .	650	00		
10 porcs..	360	00		
50 moutons bretons. . . .	350	00		
4 bœufs à l'engrais. . . .	600	00		
Diverses volailles.	36	00		
TOTAL du bétail. . .	4,576	00	4,576	00
Semences.				
34 hectos de froment, à 15 fr.	510	00		
8 hectos d'avoine, à 8 fr. . .	64	00		
4 hectos d'orge..	24	00		
150 h° de pom. de terre, à 3 fr.	450	00		
200 kilos de graine de trèfle. .	240	00		
Pois, haricots, graines diverses.	50	00		
TOTAL des semences. .	1,338	00	1,338	00
Fourrages et Engrais.				
150,000 k° de foin, à 40 f. %	6,000	00		
72,000 k° de paille, à 20 f. %	1,440	00		
Avoine et fourrages divers. .	500	00		
300 voitures de fumier, à 8 fr.	2,400	00		
TOTAL.	10,340	00	10,340	00
Total du matériel.			25,154	00
Main-d'œuvre.			4,715	90
Entretien du ménage. . .			2,500	00
Achat d'engrais pulvérulents. .			300	00
Total du capital nécessaire pour cette ferme			32,669	90

NOTA. Ordinairement, dans plusieurs parties de la Bretagne, on trouve dans l'exploitation les fourrages et les engrais. Dans ce cas, on déduit la valeur de ces objets de l'estimation du capital.

TABLEAU COMPARATIF DÉS DEPENSES ET DES PRODUITS.

Dépenses annuelles.		Produit brut.	
Fermage	2400	Froment, 400 hecto à 15.	6000
Intérêt du capital à 5 p. 0|0.	1633	Avoine, 120 *id.* à 6.	720
Main-d'œuvre.	4716	Orge, 50 *id.* à 7.	350
Semences.	1338	Pois, 50 *id.* à 12	600
Entretien du ménage	2500	Pommes de terre, 900 hect. à 3.	2700
Impôts et assurances. — Prestations.	350	Lin et chanvre.	500
Entretien du mobilier.	600	Colza et haricots	500
Dépenses diverses	600	Vente de 50 barriques de cidre, à 15.	750
Avoine pour les chevaux	350	3000 fagots à 15 fr. le 0|0.	450
		Produit des défrichements	600
		Produit des vaches laitières	800
		Bénéfice sur les bœufs à l'engrais	600
		Bénéfice sur quinze génisses.	450
		Vente de porcs.	600
		Basse-cour et jardin	200
Total des dépenses	14487	Total des produits bruts.	15820
		Dépenses à déduire	14487
		Produit net.	1335

CHAPITRE XXXII.

COMPTABILITÉ.

D. Qu'est-ce que la comptabilité agricole ?

R. C'est l'art de se rendre compte de ses recettes et de ses dépenses et de tout ce qui se fait dans une exploitation agricole.

D. Combien y a-t-il d'espèces de comptabilité ?

R. On distingue deux espèces de comptabilité, la comptabilité sommaire et la comptabilité de détail. La comptabilité sommaire fait connaitre l'ensemble des recettes et des dépenses , et, par suite, le bénéfice ou la perte totale de l'année. Cette comptabilité peut suffire pour les petites exploitations et pour les cultivateurs peu instruits. (Nous ne traiterons ici que de la comptabilité sommaire.) La comptabilité de détail fait connaître quelles sont les parties de l'exploitation qui sont en bénéfice et quelles sont celles qui sont en perte. Cette comptabilité est indispensable aux propriétaires faisant valoir par domestiques et journaliers , soit qu'ils dirigent eux-mêmes leurs cultures , soit qu'ils les fassent diriger par un régisseur : c'est surtout dans ce cas qu'il faut une comptabilité rigoureuse. (1).

D. Comment tient-on la comptabilité sommaire?

R. On commence par faire un inventaire exact de toutes les valeurs qu'on possède. La forme de cet inventaire est la même que celle suivie pour l'estimation du matériel d'exploitation , au devis d'opération. Il doit contenir l'estimation exacte des

______

(1) Nous avons publié sur cette matière un ouvrage avec lequel on peut apprendre, seul, à tenir une comptabilité de détail. Cet ouvrage se trouve, à Saint-Brieuc , chez M. L. Prud'homme , imprimeur-libraire.— PRIX : 1 fr. 50 c.

meubles, linges, literies, outils, instruments, ustensiles, bestiaux, engrais, fourrages, cultures en terre, argent et créance. Cette partie de l'inventaire qui contient l'avoir, s'appelle actif. L'inventaire doit aussi contenir l'état des dettes ; cette partie de l'inventaire s'appelle passif. La différence entre l'actif et le passif s'appelle le capital net. Si on fait figurer à l'actif les ensouchements, c'est-à-dire les fourrages et les engrais, il faut, quand on est fermier, faire figurer au passif la somme due au propriétaire pour ces objets.

A la fin de chaque année, on fait un nouvel inventaire et l'augmentation ou la diminution du capital net indique le bénéfice ou la perte.

On tient en même temps un livre de recettes et de dépenses en argent, comme le modèle ci-après. Ce livre s'appelle livre de caisse.

D. Quelles sont les précautions à prendre en faisant l'inventaire ?

R. Il faut qu'il contienne bien exactement toute les valeurs qu'on possède. En estimant les objets, il faut estimer tous les objets vendables suivant les cours du marché ; quant aux outils et ustensiles qui s'usent, il ne faut pas les porter au prix qu'ils ont coûté, mais il faut les estimer suivant leur valeur : on suppose que les outils diminuent d'un cinquième et les instruments d'un dixième par an. Les cultures en terre sont estimées valoir ce qu'elles ont coûté en semence, engrais et main-d'œuvre. Si elles sont en maturité, on les estime d'après le rendement ordinaire qu'on obtient par hectare. On copie l'inventaire sur un livre spécial.

D. Quelles sont les autres précautions à prendre pour tenir ses affaires en ordre ?

R. Il faut tenir un compte exact de ses dettes, ne jamais payer une note à un marchand ou à un ouvrier sans la faire acquitter, ne jamais payer personne sans demander un reçu. Les notes acquittées et les reçus doivent être conservés avec soin. Il est aussi très-bon de garder des copies de toutes les lettres d'affaire qu'on écrit. Il serait bon aussi d'avoir un livre sur lequel on tiendrait note des marchés qu'on ferait.

INVENTAIRE DE LA FERME DE......

Au 31 Décembre 1851.

Nous supposons que l'actif et le passif portés au devis constatent la situation à l'entrée en ferme au 1ᵉʳ octobre 1850, et nous ne porterons au nouvel inventaire que la somme totale du matériel, du bétail et des ensouchements. Il est bien entendu que, quand on fait un inventaire dans une ferme, il faut le faire en détail comme dans le devis d'opération.

INVENTAIRE D'ENTRÉE.

	FR.	C.
Montant de l'inventaire.	32,669	90
Passif dû pour ensouchements.	10,340	00
Capital net à l'entrée en ferme. . .	22,329	90

INVENTAIRE AU 31 DÉCEMBRE 1851.

ACTIF.

	FR.	C.
Matériel.	8,090	00
Fourrages et engrais.	11,495	00
Cultures en terres.	2,250	00
Grains en magasin.	2,816	00
Cidre.	720	00
Pommes de terres.	1,650	00
A reporter.	27,021	00

	FR.	C.	FR.	C.
Report.	27,021	00		
Fagots.	150	00		
Graines diverses.	350	00		
Bestiaux.	5,690	00		
Espèces en caisse.	1,402	90		
Dû par Jean et divers. . . .	650	00		
Total de l'actif. . . .	35,263	90	35,263	90

PASSIF.

	FR.	C.	FR.	C.
Valeur des ensouchements à l'entrée.	10,340	00		
Un terme échu du fermage. . .	600	00		
Dû aux domestiques.	200	00		
Dû au forgeron et au charron. .	170	00		
Dû à l'épicier.	80	00		
Dû au boucher.	70	00		
Solde de contributions. . . .	41	00		
Dûs divers.	100	00		
Total du passif. , . .	11,601	00	11,601	00
Capital net au 31 Décembre 1851.			23,662	90
Capital net à l'entrée en ferme. .			22,329	90
Balance en bénéfice pour 1851. .			1,333	00

MODÈLE DE LIVRE DE CAISSE.

ANNÉE 1852.

Recettes		**Ier Janvier.**	Dépenses	
FR.	C.		FR.	C.
1402	90	Espèces en caisse , comme à l'inventaire.		
		Remis pour diverses dépenses de ménage.	36	00
		2.		
8	50	Vente de beurre et lait.		
90	00	Vente de deux génisses.		
		Dépenses faites à la foire.	1	10
		4.		
		A-compte sur contribution, solde 1851	41	00
1501	40	*Totaux à reporter.*	78	10

ANNÉE 1852.

4 Janvier (SUITE.)

Recettes.			Dépenses.	
FR.	C.		FR.	C.
1501	40	*Report.*	78	10
		Mont. de la note du boucher pour 1851	70	00
		5.		
		Achat d'un veau pour élever.	18	50
45	00	Vente d'un porc.		
		6.		
		Achats de divers outils.	19	50
		Ports de lettres.		90
		Gratification à la laitière.	3	00
		Vente d'une peau de veau tué pour le		
2	70	ménage.		
		9.		
660	00	Vente, 40 hectos froment , à 16^f 50^c.		
		12.		
		Achat de bois pour réparer la grande		
		voiture.	6	10
		15.		
		Payé aux journaliers pour la quinzaine.	28	25
		Retenu à Jean à-compte sur ce qu'il		
5	00	doit.		
		16.		
5	10	Vente de 3 poulets et 2 canards. . .		
		19.		
		Soldé le terme de Noël.	600	00
		24.		
6	00	Vendu 2 hectos de pommes de terre.		
		Payé au vétérinaire.	6	00
		26.		
		Vente de 2 tonneaux de cidre , 8 bar-		
160	00	riques à 20 fr.		
		31.		
		Achat de sel pour ménage , 50 kilos.	5	00
2385	20	*Totaux à reporter.*	835	35

Quand une page est finie, on fait l'addition des deux co-
lonnes, et on reporte les totaux à la page suivante. Pour vé-
rifier la caisse, on retranche le total des dépenses du total des
recettes et la différence doit se trouver en caisse. Ici, on
devrait avoir en caisse 1,549 fr. 85 c.

TABLE DES CHAPITRES.

CINQUIÈME PARTIE.— Economie du Bétail.

SIXIÈME PARTIE.— Economie rurale.

A. M. D. G.

S.-BRIEUC, IMP. DE L. PRUD'HOMME.—1852.